城市街谷空间污染物扩散与分布

赵敬源 著

U0376505

中国建筑工业出版社

图书在版编目（CIP）数据

城市街谷空间污染物扩散与分布 / 赵敬源著. — 北京：中国建筑工业出版社，2019.6
ISBN 978–7–112–23679–4

Ⅰ.①城… Ⅱ.①赵… Ⅲ.①城市环境 — 空气污染控制 — 研究 Ⅳ.① X51

中国版本图书馆CIP数据核字（2019）第082791号

　　本书首先阐述城市大气污染现状、危害及影响因素；接着按照由宏观到微观的空间顺序，从大天气系统到城市气候，再到各类型街谷空间微气候，解析了不同等级、不同类型空间污染物扩散机理，基于实地调研及测试分析了各类型街谷空间污染物扩散的特征与影响因素敏感性；随后利用数值模拟探讨了各类街谷空间污染物扩散分布的时空规律；最后从不同街谷空间类型角度，提出了各类空间布局中污染物控制优化的设计策略。

　　本书可供绿色建筑设计与生态城市规划工作者及有关专业师生参考。

责任编辑：许顺法　陈　桦
版式设计：京点制版
责任校对：赵　颖

城市街谷空间污染物扩散与分布
赵敬源　著

*

中国建筑工业出版社出版、发行（北京海淀三里河路9号）
各地新华书店、建筑书店经销
北京点击世代文化传媒有限公司制版
河北鹏润印刷有限公司印刷

*

开本：787×1092毫米　1/16　印张：14　字数：279千字
2019年8月第一版　2019年8月第一次印刷
定价：125.00元
ISBN 978-7-112-23679-4
　　（33990）

序

"街谷"是一学术名词，统指的是城市街道两旁相邻建筑物与地面围合形成的峡谷空间。街谷是城市下垫面的重要组成部分，也是城市居民活动最为活跃的场所，其动力和热力性质是构成城市局地气候的重要因素，因而对城市街谷环境状态的研究成为城市规划设计、城市气候以及城市空气质量控制等领域共同关注的研究热点。

近年来，伴随着快速的城市化进程，城市环境问题日益严重，据《2017年中国生态环境状况公报》，全国338个地级以上城市中仅99个城市空气质量达标准，空气污染已成为影响城市生活的重大公共安全问题。城市街谷是使用频率最高和空气污染物最易集聚的城市空间，其污染物分布受到局地气候、街谷形态、交通流场等诸多条件的共同制约，是多因素耦合作用下的复杂过程。从城市规划和建设的角度对城市街谷内流场特征与污染物扩散机制及分布规律进行全面的研究，对合理规划城市布局、改善城市人居环境具有重要的理论与应用意义。

赵敬源教授长期致力于城市物理环境设计的基础理论与应用研究，在国家及省部级多项课题的连续支持下，带领团队经过十余年的努力钻研，在城市微气候的形成机制、演化机理、规划调节和设计原理与方法等方面取得了系列创新性成果，先后荣获陕西省土木建筑科学技术奖一等奖和陕西省科学技术奖二等奖，赵教授也因此荣获第十一届陕西青年科技奖并入选2017年度陕西省中青年科技创新领军人才。

值《城市街谷空间污染物扩散与分布》一书出版之际，谨表祝贺，是为序。

（刘加平先生为中国工程院院士、西安建筑科技大学教授）

前　言

　　城市街谷是指城市覆盖层内相邻建筑物围合而成的峡谷空间。城市街谷是城市居民生活、生产和交通等社会活动的主要场所，是构成城市的最小细胞元素，不同模式不同尺度的城市街谷通过组合、裂变和演变形成形态各异的城市空间。

　　城市街谷空间环境是街谷内影响人体热感觉和身心健康的一系列热环境参数及污染物浓度和分布参数的总称。城市街谷环境是城市户外环境的基本构成单元。街谷内的环境品质界定着城市户外环境的优劣，既直接影响人们户外活动的健康状况，又间接决定着建筑物内部的环境质量。

　　城市街谷内污染物分布是多因素耦合作用下的扩散过程。街谷内的污染物迁移扩散受到风向、风速、太阳辐射强度等城市气象参数，污染源的排放形式、数量和频率等源强参数，临街建筑的形式尺度、建筑物和道路材料的蓄热能力等热力参数的共同制约。同时，既要考虑以室外空间向室内正向扩散的机动车尾气等污染物，也要考虑当室内存在强污染源项时向室外空间的逆向扩散过程，具备鲜明的复杂性和多样性特点。

　　本书以作者及其科研团队近十年来主持完成的科研项目为基础，从城市街谷空间室内外污染物扩散的基本理论出发，建立了室内外气态污染物双向扩散数学模型，揭示了街谷空间的环境参数、建筑形状因子、绿化参数和污染源强对污染物扩散分布的作用机理和权重关系，依据建筑功能和污染物源项位置分类定义了9种城市街谷空间类型，以污染物浓度为指标给出了相应的优选设计方案，提出了优化街谷局地微气候来减轻污染物沉积的策略途径和设计阈值，为生态型城市规划建设提供理论依据和设计措施。

　　全书共分5章，由本人拟定编写大纲并撰写1~3章，长安大学王琼撰写4~5章，长安大学城乡人居环境科研团队的多名青年教师和研究生，为本书做了大量的文字处理和图表绘制等工作，才使得本书能够如期完成。

　　书稿完成之际，特别感谢我的导师刘加平院士。从本科毕业投到刘老师门下学习，开始了懵懂的科研路程，在刘老师的指导下逐步明确了城市物理环境作为研究方向，真正开启了我对科研的兴趣和追求。刘老师高屋建瓴的学术思维、精益求精的钻研精神、豁达睿智的人生品格，对我产生了深刻的影响，时刻激励我克服困难不断前行。

　　限于作者的学识水平及所涉及内容的广泛性，书中难免存在问题和不足，敬请读者批评指正。

目 录

第1章
导　论

随着城市化进程的快速发展，不但城市机动车保有量与日俱增，而且工业化发展迅猛，全球大气污染情况日益恶化。这一现象宏观上导致了气候变化，微观上造成建筑室内外空气污染问题，严重威胁到城市街谷空间中最小因子组团建筑空间中行人和两侧建筑物室内人员的健康问题。因此，想要提升或者控制组团建筑空间室内外空气品质，首先需要回顾大气污染现状及发展趋势，确立目标和方向，以期获得正确的研究方法。

1.1　城市大气污染

1.1.1　大天气系统

1.1.1.1　大气物理学

大气物理学（atmospheric physics）是研究大气中各种物理现象和过程及其演变规律的学科，是大气科学的一个分支。它主要研究大气中的声学、光学、电学和辐射过程，云和降水物理，大气底层的边界层大气物理，平流层和中层大气物理，既是大气科学基础理论的一个部分，又和许多边缘学科，例如农业气象学、大气环境科学等有密切的关系。

大气物理学的许多内容，早就受到人们的关注。在早期，所有的大气热力学和大气动力学研究内容均包含在大气动力学和天气学中，20世纪20年代，人们开始关注较小尺度大气动力学和热力学过程，其中包括了大气底层的边界层结构的研究，因而形成大气湍流和大气边界层的研究方向，20世纪40年代大气中污染物的扩散受到了关注，开始形成污染气象学的研究方向。由于工农业对人工降水的需求，并对云的微观和宏观有了较深入的了解，因而逐渐形成对云雾物理学的系统研究。有关大气中的光学、声学和电学现象的研究，早在气象学、物理学和无线电学中进行了一些研究，20世纪40年代开始的气象雷达观测，20世纪60年代气象卫星的释放，对大气光、声、电学以及雷达气象学和卫星气象学的形成起了极大的推动作用。

大气物理学的研究不仅需要发展有关的理论还需要系统精确的实验资料予以验证。一般气象台站网的观测内容远不能满足实际和理论工作的要求，因而设计和制造专用的仪器设备，组织精细的观测是很重要的。例如大气湍流的观测需要快速反应的温度、湿度和风的观测仪器；云雾物理的观测则需要使用飞机和特种雷达；气象卫星安装的仪器几乎全都属于大气遥感的设备。

（1）研究简史

人们对大气中的许多物理现象，如虹、晕、华、雷、闪电等早已注意，并进行过研究，但内容分散在物理、化学、天文、无线电等学科之中，把它们纳入大气物理学一个学科，则是近三四十年中的事情。

20世纪40年代以来，有几个重要因素推动着大气物理学迅速发展：

1）随着人类在大气中活动范围的迅速扩展，大气物理学的研究领域不断扩大。如为了改进大气中的电波通信、光波通信，提高导弹制导水平，就需要了解它们所赖以传播的大气介质及相互作用，因此就要研究大气的声、光、电和无线电气象；又如，为避免晴空湍流引起飞机坠毁的事故，就要研究大气湍流。

2）由工业生产排入大气中的大量气溶胶和污染物通过扩散造成大气污染，有些通过沉降或降水形成酸雨等，又被送到地面，导致土地河流污染、造成对植物和人类的严重影响。既要发展生产，又必须使大气不超过其对污染物质的稀释能力，这就要详细研究大气边界层的物理特性。

3）生产活动和人类的其他活动，影响着自然环境。如大气中二氧化碳含量逐年增加，影响着大气辐射过程和气候变化规律。这些又影响农业生产，特别是粮食生产。粮食问题导致对气候变化的关注，进而促进了对大气辐射问题的研究。

4）工农业用水逐年增加，就必须充分利用大气中丰富的水分，这就要开发大气中的水资源；此外，为避免或减轻天气灾害，又推动着人工影响天气试验研究的广泛开展，从而促进了云和降水物理学的研究。

5）20世纪60年代以来，遥感技术飞速地发展起来，辐射传输是遥感的基础，由此推动着大气辐射学的研究；人造卫星、电子计算机的发展，新技术（如激光、雷达、微波）的应用，给大气物理研究提供了有力的探测工具，获得了更多的探测资料，从而大大加速大气物理学发展的进程。

（2）研究内容

大气物理学主要包括大气边界层物理学、云和降水物理学、雷达气象学、无线电气象学、大气声学、大气光学和大气辐射学、大气电学、平流层和中层大气物理学。它们都各有自己的特点：大气声学、大气光学、大气电学和无线电气象学，研究大气中声、光、电的现象和声波、电磁波在大气中传播的特性；雷达气象学研究用气象雷达探测大气的原理和方法，及其在天气分析预报、云和降水物理中的应用；大气辐射学研究辐射在地球大气系统内的传输转换过程和辐射平衡；云和降水物理学研究云和降水的形成、发展和消散的过程；大气边界层物理研究受地面影响较大的大气低层的温度、湿度、风等要素的水平和铅直分布，大气湍流和扩散，水汽和热量传输等；平流层和中层大气物理学研究对流层顶（10km 左右）到 80～90km 大气层中发生的物理过程。大气过程常是多因素综合作用的结果，故大气物理诸方面常常相互联系，如大气电学同云和降水物理学都研究雷暴，既各有侧重，又紧密相关。

1.1.1.2 天气系统

天气系统是具有一定的温度、气压或风等气象要素空间结构特征的大气运动系统。如有的以空间气压分布为特征组成高压、低压、高压脊、低压槽等。有的则以风的分布特征来分，如气旋、反气旋、切变线等。有的又以温度分布特征来确定，如锋。还有的则以某些天气特征来分，如雷暴、热带云团等。通常构成天气系统的气压、风、温度及气象要素之间都有一定的配置关系。大气中各种天气系统的空间范围是不同的，水平尺度可从几千米到 1000～2000km。其生命史也不同，从几小时到几天都有。

最大的天气系统范围可达 2000km 以上，最小的还不到 1km。尺度越大的系统，生命史越长；尺度越小的系统，生命史越短。较小系统往往是在较大尺度系统的孕育下形成、发展起来的，而较小系统发展、壮大以后，又给较大系统以反作用，彼此相互联系，相互制约，关系错综复杂。各种天气系统有一定的空间范围，一定的新生、变化和消亡的过程。各种天气系统发展的不同阶段有其相应的天气现象分布。在天气预报中通过对于各种系统的预报，可以大致预报未来一段时间内的天气变化。许多天气系统的组合，构成大范围的天气形势，构成半球甚至全球的大气环流。

按照气象要素的空间分布而划分具有典型特征的大气运动系统（通常指气压空间分布所组成的系统），如高（气）压、低（气）压、高压脊、低压槽等。有时指风分布的系统，如气旋环流、反气旋环流、切变线等。有时指温度分布的系统，如高温区、低温区、锋区等。有时指天气现象分布的系统，如雷暴、热带云团等。这一要素系统同另一要素系统之间常常有一定的配置关系。气压系统和风场之间的关系较好：低压和气旋环流相配置，有时称为低压，有时称为气旋；高压和反气旋相配置，有时称为高压，有时称为反气旋。气压系统和温度系统也常呈一定配置关系。如：低压和低温区相配置，称为冷低压或冷涡；低压和高温区相配置，称为热低压。气压系统还可同天气现象存在一定配置关系，如雷暴和（小）高压配置，称为雷暴高压。天气系统可以通过各种天气图和卫星云图等分析工具分析出来。

（1）特征尺度

各类天气系统有一定的特征尺度。空间尺度主要以天气系统的水平尺度的大小来衡量，水平尺度系指天气系统的波长或扰动直径；时间尺度以天气系统的生命史的时间长短来衡量，生命史系指天气系统由新生到消亡的生消过程。一般天气系统的水平尺度越大，其时间尺度也越长。

在20世纪40年代以前，地面观测站平均距离约为200～300km，以此站距观测所得的资料分析出来的高、低压系统，称为天气系统，21世纪以来称为天气尺度天气系统。20世纪40年代，发展了高空气象观测（平均站距约为500km），把从高空天气图上发现的、波长与地球半径相当的波动，称为行星尺度天气系统。

20世纪50年代前后，在研究对流性灾害天气时，发现了许多水平范围为一二百公里、几十公里甚至几公里的高、低压系统，统称为中小尺度天气系统。分析这类系统，必须建立稠密的观测网，比如在美国有所谓的 α、β 和 γ 观测网，站距分别约为50km、8km和2.5km。到了20世纪70年代，用300～400km格距进行数值天气预报时，往往因这种格距太大而分析不出一些具有对流性天气的系统，影响了预报效果。当格距缩小到100～200km时，即可分析出来，后来就称这类尺度的系统为中间尺度天气系统。

（2）相关分类

大气中各类天气系统的特征尺度相差很大，有大至上万公里的，如超长波、副热带高压，也有小至几百米的，如龙卷。按特征尺度大致可分为五类，即：行星尺度天气系统、天气尺度天气系统、中间尺度天气系统、中尺度天气系统和小尺度天气系统。天气系统的分类在国际上也不完全统一。

1）中尺度天气系统

在美国分类术语中，将水平尺度由2000km到2km的系统，统称为中尺度天气系统，其中又分三类：

200～2000km的称中尺度 α 天气系统，包括台风、锋面等；20～200km的称中尺度 β 天气系统，包括龙卷、飑线等；2～20km的称中尺度 γ 天气系统，包括雷暴单体等。

2）中间尺度天气系统

日本将2000km到200km范围内的系统，称为中间尺度天气系统，将200km到1km范围的系统，称为中尺度天气系统。

3）大尺度天气系统

此外，也有将行星尺度天气系统和天气尺度天气系统统称为大尺度天气系统。

4）次天气尺度天气系统

把凡比天气尺度小的天气系统，包括中间尺度、中尺度和小尺度天气系统，统称为次天气尺度天气系统；也有人只把比天气尺度系统小一些的系统（即专指中间尺度天气系统），称为次天气尺度天气系统。

更客观、更统一的天气系统分类尚需进一步研究。

5）按波数划分

在高空天气图上，也有按整个纬圈的波数来划分天气系统的，通常把波数为 1 ~ 3 的波动称为超长波，波数为 4 ~ 8 的波动称为长波，它们都属于行星尺度天气系统。波数大于 8 的波动称为短波，相当于天气尺度天气系统或更小尺度的天气系统。

（3）尺度效应

各类天气系统的空间尺度（水平的和铅直的）和时间尺度，以及特征的水平风速，都是根据实际观测确定的。但有些量到 21 世纪初还无法直接观测，只能按大气动力方程进行计算。在进行数值计算时，要选择适当的空间格距，其大小由系统的特征尺度决定，这就是所谓的尺度效应。比如天气系统的特征铅直运动速度，可以根据连续方程由水平尺度和特征水平风速推算出来。各类天气系统的铅直运动速度有一定的特征数值，如行星尺度天气系统为 10^{-1}cm/s，天气尺度天气系统为 10^{0}cm/s，小尺度天气系统的铅直速度约为天气尺度天气系统 100 倍，即 102cm/s。

自 20 世纪 40 年代末期出现尺度分析方法以后，人们常常将完全的运动方程，按照各类天气系统的特征尺度进行简化，研究各类系统大气运动的规律以及系统的移动。如研究天气尺度天气系统可以应用准地转平衡近似和静力学关系，而中小尺度天气系统则不满足地转平衡和静力平衡。

（4）演化消亡

天气系统总是处在不断地新生、发展和消亡之中。各种天气系统有不同的生消条件和能量来源。即使特征尺度同属一类的系统，其生消条件和能量来源也有所不同。比如温带气旋的发展条件，主要由其上空涡度平流所引起的空气辐散的强弱决定，其能量来源于大气的斜压性所储存的有效势能。台风的发生和维持是由于热带扰动的潜热释放，而潜热的释放同热带大气的位势不稳定和对流不稳定有关，其能量主要来源于海洋供给的水汽，在凝结过程中释放的潜热。强对流性的中小尺度天气系统，主要是由于位势不稳定空气受到急剧抬升而发展起来的，其能量也是来源于潜热释放。再者，天气系统往往不是闭合的，一个系统的空气经常不停地与周围系统的空气发生交换，随着这种交换，系统与系统之间的动量、能量等进行交换，从而引起系统的生消以及系统之间的相互作用。一般来说，大的天气系统制约并孕育着小的天气系统的发生和发展，小的天气系统产生后又能对大的天气系统的维持和加强起反馈作用。研究天气系统生消的条件和能量来源，以及研究系统之间的相互作用是天气学的主要任务之一。天气系统与大气环流之间，不仅在流型上有关联，而且存在着内在的联系。如大尺度天气系统的活动，通过热量、动量的南北输送以及能量的转换，对于大气环流的维持起着重要作用。而大气环流的热力状况和基本风系的特点，如西风气流的水平变化和垂直变化等，又反过来制约着大尺度天气系统，直接影响着大尺度天气系统的发展。天气系统组合的演变，如纬向环流的恢复，波动群速的传播，以及行星尺度天气系统的发展等，可以导致相当广泛地区甚至全球范围大气环流的变化。大气环流的变化又是造成大范围长时期天气变化的条件和机制。从事短期天气预报，可以主要考虑单一的天气系统的变化，而从事中期、长期天气预报则需要研究天气系统组合的演变规律，需要研究超长波以至整个大气环流的演变规律。

1.1.2 污染问题

在对我国 330 多座城市进行环境质量检测的过程之中，只有不足 75 座城市的质量符合相应的标准，这些城市在总体城市中所占有的比重不足 22%。环境问题仍然是目前需要解决的首要问题。

1.1.2.1 环境质量

日益严峻的环境问题不断的引发了焦虑，越来越多的人开始意识到大气环境治理的重要性以及必然性。

（1）空气质量

1）全国范围

地级及以上城市 2017 年，全国 338 个地级及以上城市（以下简称 338 个城市）中，有 99 个城市环境空气质量达标，占全部城市数的 29.3%；239 个城市环境空气质量超标，占 70.7%。

338 个城市平均优良天数比例为 78.0%，比 2016 年下降 0.8 个百分点；平均超标天数比例为 22.0%。5 个城市优良天数比例为 100%，170 个城市优良天数比例在 80% ~ 100% 之间，137 个城市优良天数比例在 50% ~ 80% 之间，26 个城市优良天数比例低于 50%（图 1-1）。

338 个城市发生重度污染 2311 天次、严重污染 802 天次，以 PM2.5 为首要污染物的天数占重度及以上污染天数的 74.2%，以 PM10 为首要污染物的占 20.4%，以 O_3 为首要污染物的占 5.9%。其中，有 48 个城市重度及以上污染天数超过 20 天，分布在新疆、河北、河南等 12 个省份（部分城市受沙尘影响）。

PM2.5 年均浓度范围为 10 ~ 86μg/m³，平均为 43μg/m³，比 2016 年下降 6.5%；超标天数比例为 12.4%，比 2016 年下降 1.7 个百分点。PM10 年均浓度范围为 23 ~ 154μg/m³，平均为 75μg/m³，比 2016 年下降 5.1%；超标天数比例为 7.1%，比 2016 年下降 2.3 个百分点。O_3 日最大 8 小时平均第 90 百分位数浓度范围为 78 ~ 218μg/m³，平均为 149μg/m³，比 2016 年上升 8.0%；超标天数比例为 7.6%，比 2016 年上升 2.4 个百分点。SO_2 年均浓度范围为 2 ~ 84μg/m³，平均为 18μg/m³，比 2016 年下降 18.2%；超标天数

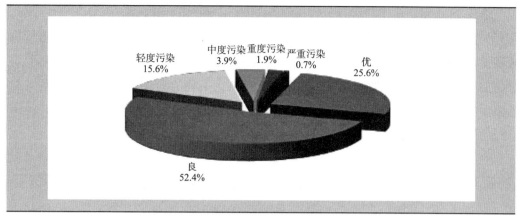

2017 年 338 个城市环境空气质量级别比例

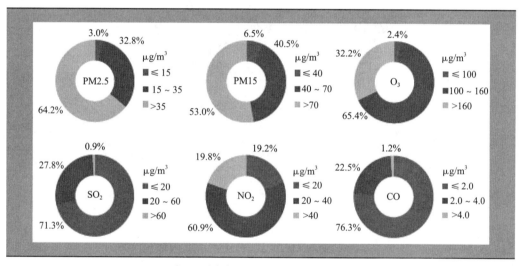

2017 年 338 个城市六项污染物不同浓度区间城市比例

图 1-1 全国 338 个城市 2017 年城市环境空气质量及污染物所占比例图

比例为 0.3%，比 2016 年下降 0.2 个百分点。NO_2 年均浓度范围为 9 ~ 59$\mu g/m^3$，平均为 31$\mu g/m^3$，比 2016 年上升 3.3%；超标天数比例为 1.5%，比 2016 年下降 0.1 个百分点。CO 日均值第 95 百分位数浓度范围为 0.5 ~ 5.1mg/m^3，平均为 1.7mg/m^3，比 2016 年下降 10.5%；超标天数比例为 0.3%，比 2016 年下降 0.1 个百分点。

若不扣除沙尘影响，338 个城市中，环境空气质量达标城市比例为 27.2%，超标城市比例为 72.8%；PM2.5 和 PM10 平均浓度分别为 44$\mu g/m^3$ 和 80$\mu g/m^3$，分别比 2016 年下降 6.4% 和 2.4%。

新标准第一阶段监测实施城市 2017 年，74 个新标准第一阶段监测实施城市（包括京津冀、长三角、珠三角等重点区域地级城市及直辖市、省会城市和计划单列市，以下简称 74 个城市）平均优良天数比例为 72.7%，比 2016 年下降 1.5 个百分点；平均超标天数比例为 27.3%。22 个城市优良天数比例在 80% ~ 100% 之间，42 个城市优良天数比例在 50% ~ 80% 之间，10 个城市优良天数比例低于 50%。以 PM2.5 为首要污染物的天数占污染总天数的 47.0%，以 O_3 为首要污染物的占 43.1%，以 PM10 为首要污染物的占 7.8%，以 NO_2 为首要污染物的占 2.4%，以 SO_2 为首要污染物的不足 0.1%（图 1-2、图 1-3、表 1-1）。

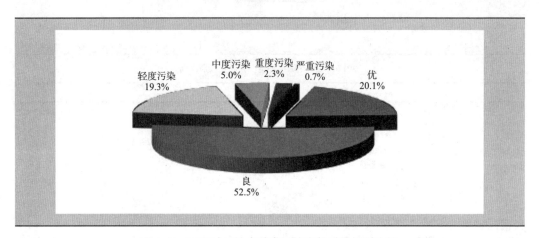

图 1-2　2017 年 74 个城市环境空气质量级别比例

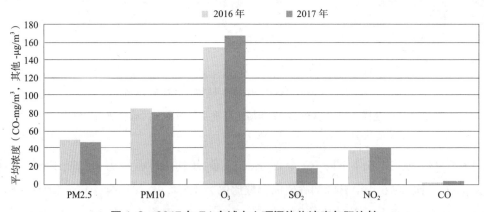

图 1-3　2017 年 74 个城市六项污染物浓度年际比较

2017 年 74 个城市环境空气质量综合指数及主要污染物　　　　表 1-1

序号	城市	综合指数	最大指数	主要污染物	序号	城市	综合指数	最大指数	主要污染物
1	海口	2.49	0.79	O_3	4	厦门	3.37	0.80	NO_2
2	拉萨	3.13	0.80	O_3	5	福州	3.42	0.88	O_3
3	舟山	3.18	0.95	O_3	6	惠州	3.48	0.89	O_3

续表

序号	城市	综合指数	最大指数	主要污染物	序号	城市	综合指数	最大指数	主要污染物
7	深圳	3.49	0.92	O_3	41	南京	5.18	1.18	NO_2
8	丽水	3.54	0.94	PM2.5	41	淮安	5.18	1.42	PM2.5
9	贵阳	3.61	0.91	PM2.5	42	奉州	5.22	1.46	PM2.5
10	珠海	3.64	1.00	O_3	43	长春	5.22	1.31	PM2.5
11	台州	3.65	0.94	PM2.5	45	无锡	5.28	1.26	PM2.5
12	昆明	3.76	0.82	PM2.5	46	宿迁	5.34	1.57	PM2.5
13	南宁	3.95	1.00	PM2.5	47	常州	5.41	1.27	PM2.5
14	大连	4.16	1.02	O_3	48	武汉	5.46	1.49	PM2.5
15	中山	4.16	1.13	O_3	49	镇江	5.63	1.57	PM2.5
16	张家口	4.18	1.08	O_3	50	合肥	5.65	1.60	PM2.5
17	宁波	4.31	1.06	PM2.5	51	哈尔滨	5.71	1.66	PM2.5
18	兰州	4.37	1.20	PM2.5	52	扬州	5.72	1.54	PM2.5
19	东莞	4.37	1.06	O_3、PM2.5	53	沈阳	5.78	1.42	PM2.5
20	温州	4.40	1.09	PM2.5	54	成都	5.85	1.60	PM2.5
21	金华	4.44	1.20	PM2.5	55	秦皇岛	5.86	1.26	PM2.5
22	肇庆	4.47	1.17	PM2.5	56	北京	5.87	1.66	PM2.5
23	盐城	4.58	1.23	PM2.5	57	呼和浩特	5.93	1.36	PM10
24	江门	4.60	1.21	O_3	58	银川	6.41	1.51	PM10
25	广州	4.61	1.30	NO_3	59	兰州	6.45	1.59	PM10
26	上海	4.63	1.13	O_3	60	天津	6.53	1.77	PM2.5
27	嘉兴	4.72	1.20	PM2.5	61	乌鲁木齐	6.55	2.00	PM2.5
28	绍兴	4.73	1.29	PM2.5	62	廊房	6.61	1.71	PM2.5
29	佛山	4.75	1.14	PM2.5	63	徐州	6.78	1.94	PM2.5
30	南昌	4.75	1.17	PM2.5	64	沧州	6.89	1.89	PM2.5
31	青岛	4.78	1.11	PM10、PM2.5	65	济南	7.04	1.86	PM2.5
32	连云港	4.79	1.29	PM2.5	66	郑州	7.07	1.89	PM2.5
33	南通	4.79	1.12	O_2	67	衡水	7.29	2.20	PM2.5
34	湖州	4.80	1.20	PM2.5	68	西安	7.72	2.17	PM2.5
35	承德	4.86	1.17	PM10	69	太原	7.79	1.89	PM2.5
36	苏州	4.97	1.20	NO_2、PM2.5	70	唐山	7.97	1.89	PM2.5
37	长沙	4.98	1.49	PM2.5	71	保定	8.32	2.40	PM2.5
38	杭州	5.02	1.29	PM2.5	72	邢台	8.57	2.29	PM2.5
39	重庆	5.04	1.29	PM2.5	73	邯郸	8.64	2.46	PM2.5
40	西宁	5.11	1.19	PM2.5	74	石家庄	9.72	2.46	PM2.5

　　按照环境空气质量综合指数评价，环境空气质量相对较差的10个城市（从第74名到第65名）依次是石家庄、邯郸、邢台、保定、唐山、太原、西安、衡水、郑州和济南，空气质量相对较好的10个城市（从第1名到第10名）依次是海口、拉萨、舟山、厦门、福州、惠州、深圳、丽水、贵阳和珠海。

　　PM2.5年均浓度范围为 20 ~ 86μg/m³，平均为 47μg/m³，比 2016 年下降 6.0%；超标天数比例为 14.1%，比 2016 年下降 2.5 个百分点。19 个城市 PM2.5 年均浓度达到二级标准，占 25.7%；55 个城市超二级标准，占 74.3%。PM10 年均浓度范围为 37 ~ 154μg/m³，平均为 80μg/m³，比 2016 年下降 4.8%；超标天数比例为 8.4%，比 2016 年下降 2.7 个百分点。1 个城市 PM10 年均浓度达到一级标准，占 1.4%；31 个城市达到二级标准，占 41.9%；42 个城市超二级标准，占 56.8%。O₃ 日最大 8 小时平均第 90 百分位数浓度范围为 117 ~ 218μg/m³，平均为 167μg/m³，比 2016 年上升 8.4%；超标天数比例为 12.2%，比 2016 年上升 3.6 个百分点。26 个城市 O₃ 浓度达到二级标准，占 35.1%；48 个城市超二级标准，占 64.9%。SO₂ 年均浓度范围为 6 ~ 54μg/m³，平均为 17μg/m³，比 2016 年下降 19.0%；超标天数比例为 0.2%，比 2016 年下降 0.1 个百分点。56 个城市 SO₂ 年均浓度达到一级标准，占 75.7%；18 个城市达到二级标准，占 24.3%。NO₂ 年均浓度范围为 12 ~ 59μg/m³，平均为 40μg/m³，比 2016 年上升 2.6%；超标天数比例为 4.0%，比 2016 年下降 0.2 个百分点。39 个城市 NO₂ 年均浓度达到一级标准（与二级标准值相同），占 52.7%；35 个城市超二级标准，占 47.3%。CO 日均值第 95 百分位数浓度范围为 0.8 ~ 3.8mg/m³，平均为 1.7mg/m³，比 2016 年下降 10.5%；超标天数比例为 0.4%，比 2016 年下降 0.2 个百分点。74 个城市 CO 浓度全部达到一级标准（与二级标准值相同）。若不扣除沙尘影响，74 个城市 PM2.5 和 PM10 平均浓度分别为 47μg/m³ 和 83μg/m³，分别比 2016 年下降 6.0% 和 2.4%（图 1-4）。

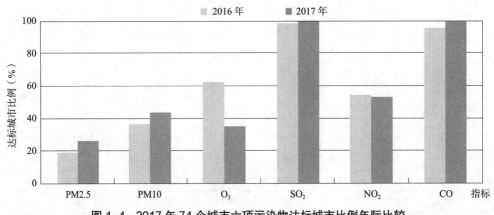

图 1-4　2017 年 74 个城市六项污染物达标城市比例年际比较

2）京津冀地区

京津冀地区 13 个城市优良天数比例范围为 38.9% ~ 9.7%，平均为 56.0%，比 2016 年下降 0.8 个百分点；平均超标天数比例为 44.0%，其中轻度污染为 25.9%，中度污染为 10.0%，重度污染为 6.1%，严重污染为 2.0%。8 个城市优良天数比例在 50% ~ 80% 之间，5 个城市优良天数比例低于 50%。超标天数中，以 PM2.5、O_3、PM10 和 NO_2 为首要污染物的天数分别占污染总天数的 50.3%、41.0%、8.9% 和 0.3%，未出现以 CO 和 SO_2 为首要污染物的污染天（表 1-2）。

北京优良天数比例为 61.9%，比 2016 年上升 7.8 个百分点。出现重度污染 19 天，严重污染 5 天，重度及以上污染天数比 2016 年减少 15 天。

2017 年京津冀地区污染物浓度变化　　　　　　　　　　表 1-2

地区	指标	浓度（CO：mg/m^3，其他：$\mu g/m^3$）	比 2016 年变化（%）
京津冀	PM2.5	64	−9.9
	PM10	113	−4.2
	O_3	193	12.2
	SO_2	25	−19.4
	NO_2	47	−4.1
	CO	2.8	−12.5
北京	PM2.5	58	−20.5
	PM10	84	−5.6
	O_3	193	−3.0
	SO_2	8	−20.0
	NO_2	46	−4.2
	CO	2.1	−34.4

3）长三角地区

长三角地区 25 个城市优良天数比例范围为 48.2% ~ 94.2%，平均为 74.8%，中度污染为 4.4%，重度污染为 0.9%，严重污染为 0.1%。6 个城市优良天数比例在 80% ~ 100% 之间，18 个城市优良天数比例在 50% ~ 80% 之间，1 个城市优良天数比例小于 50%。超标天数中以 PM2.5、O_3、PM10 和 NO_2 为首要污染物的天数分别占污染总天数的 44.5%、50.4%、2.3% 和 3.0%，未出现以 SO_2 和 CO 为首要污染物的污染天（表 1-3）。

上海优良天数比例为 75.3%，比 2016 年下降 0.1 个百分点。出现重度污染 2 天，未出现严重污染，重度及以上污染天数与 2016 年持平。

2017 年长三角地区污染物浓度变化　　　　　　　　　　　　表 1-3

地区	指标	浓度（CO: mg/m³, 其他: μg/m³）	比 2016 年变化（%）
长三角	PM2.5	44	−4.3
	PM10	71	−5.3
	O_3	170	6.9
	SO_2	14	−17.6
	NO_2	37	2.8
	CO	1.3	−13.3
上海	PM2.5	39	−13.3
	PM10	55	−6.8
	O_3	181	10.4
	SO_2	12	−20.0
	NO_2	44	2.3
	CO	1.2	−7.7

4）珠三角地区

珠三角地区 9 个城市优良天数比例范围为 77.3% ~ 94.8%，平均为 84.5%，比 2016 年下降 5.0 个百分点；平均超标天数比例为 15.5%，其中轻度污染为 12.5%，中度污染为 2.4%，重度污染为 0.6%，未出现严重污染。6 个城市优良天数比例在 80% ~ 100% 之间，3 个城市优良天数比例在 50% ~ 80% 之间。超标天数中，以 O_3、PM2.5 和 NO_2 为首要污染物的天数分别占污染总天数的 70.6%、20.4% 和 9.2%，未出现以 PM10、SO_2 和 CO 为首要污染物的污染天（表 1-4）。

广州优良天数比例为 80.5%，比 2016 年下降 4.2 个百分点。出现重度污染 2 天，未出现严重污染，重度及以上污染天数比 2016 年增加 1 天。

2017 年珠三角地区污染物浓度变化　　　　　　　　　　　　表 1-4

地区	指标	平均浓度（CO: mg/m³, 其他: μg/m³）	比 2016 年变化（%）
珠三角	PM2.5	34	6.2
	PM10	53	8.2
	O_3	165	9.3
	SO_2	11	0
	NO_2	37	5.7
	CO	1.2	−7.7
广州	PM2.5	35	−2.8
	PM10	56	0
	O_3	162	4.5

续表

地区	指标	平均浓度（CO：mg/m³，其他：μg/m³）	比 2016 年变化（%）
广州	SO_2	12	0
	NO_2	52	13.0
	CO	1.2	−7.7

（2）酸雨

1）酸雨频率

2017 年，463 个监测降水的城市（区、县）中，酸雨频率平均为 10.8%，比 2016 年下降 1.9 个百分点。出现酸雨的城市比例为 36.1%，比 2016 年下降 2.7 个百分点；酸雨频率在 25% 以上的城市比例为 16.8%，比 2016 年下降 3.5 个百分点；酸雨频率在 50% 以上的城市比例为 8.0%，比 2016 年下降 2.1 个百分点；酸雨频率在 75% 以上的城市比例为 2.8%，比 2016 年下降 1.0 个百分点（图 1-5）。

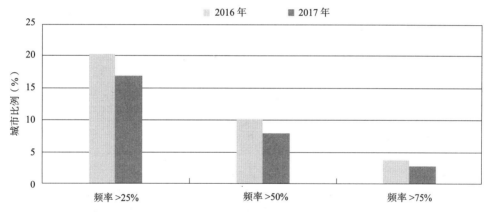

图 1-5　2017 年不同酸雨频率的城市比例年际比较

2）降水酸度

全国降水 pH 年均值范围为 4.42（重庆大足县）~ 8.18（内蒙古巴彦淖尔市）。其中，酸雨（降水 pH 年均值低于 5.6）、较重酸雨（降水 pH 年均值低于 5.0）和重酸雨（降水 pH 年均值低于 4.5）的城市比例分别为 18.8%、6.7% 和 0.4%，分别比 2016 年下降 1.0 个、0.1 个和 0.4 个百分点（图 1-6）。

3）化学组成

降水中的主要阳离子为钙离子和铵离子，分别占离子总当量的 25.9% 和 15.2%；主要阴离子为硫酸根，占离子总当量的 21.1%；硝酸根占离子总当量的 9.0%。酸雨类型总体仍为硫酸型。与 2016 年相比，硫酸根、氟离子和钠离子当量浓度比例有所下降，

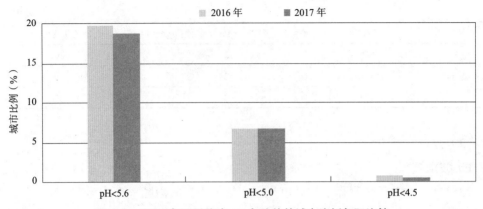

图 1-6　2017 年不同降水 pH 年均值的城市比例年际比较

铵离子、钙离子和镁离子当量浓度比例有所上升，其他离子当量浓度比例保持稳定（图 1-7）。

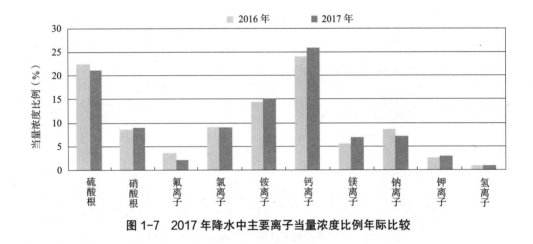

图 1-7　2017 年降水中主要离子当量浓度比例年际比较

4）酸雨分布

酸雨区面积约 62 万 km^2，占国土面积的 6.4%，比 2016 年下降 0.8 个百分点；其中，较重酸雨区面积占国土面积的比例为 0.9%。酸雨污染主要分布在长江以南—云贵高原以东地区，主要包括浙江、上海的大部分地区，江西中北部、福建中北部、湖南中东部、广东中部、重庆南部、江苏南部、安徽南部的少部分地区。

1.1.2.2　污染原因

（1）工业废气

为了真正地让改革开放的成果普及社会大众，我国不断地推动经济建设，将促进经济的发展作为自身的第一要务，但是片面的发展造成了较为严重的大气污染问题。在推动现代工业发展的过程之中，我国所采取的发展模式以及发展策略相对比较传统和落后，其中高耗能以及高排放行业在现有的行业中所占有的比重较大，这些行业主要以焦炭、有色金属、平板玻璃、水泥以及火力发电等产品的生产以及运作为主。即使有一部分企业能够站在宏观的角度积极地承担相应的社会责任并保障自身的污染物排放达标，但是，实际的污染物排放仍然难以得到有效的控制，这些都严重影响了整个环境的质量。在对各种污染企业进行治理以及分析的过程之中可以发现，大部分企业所采取的生产工艺及装备技术不符合实际的要求，综合的污染治理以及管理水平相对较差，污染物的排放量较大，在污染治理的过程之中还存在诸多的困难以及障碍。

（2）煤炭燃烧

在推动改革开放的过程之中我国的经济实力有了极大的提升，取得了令世界瞩目的成绩，城市化建设的快速发展也带动了电力行业的稳定运作，电力行业属于高耗能的行业，在电力生产的过程之中企业需要耗费大量的煤炭资源。结合相关的数据分析可以看出，电力行业在生产中所消耗的煤炭资源在综合煤炭消耗总量之中所占有的比重超过了50%。另外对于我国广大的北方地区来说，在冬天时主要通过燃烧煤炭的形式来进行采暖，其中北方的农村地区每一家的煤炭消耗量为每年1-4t。根据相关的初步预算可以看出，在我国的城乡结合部、城中村以及农村地区之中，实际的煤炭燃烧量持续上升。这些经济较为落后的地区在煤炭燃烧以及使用的过程中没有采取有效的环保措施，在燃烧一吨煤炭之后所产生的大气污染排放量是原有煤炭重量的十倍以上，这些不仅严重破坏了整个外部环境，还直接威胁着人们的生命健康以及生存环境的安全。

（3）土地沙化

大气污染治理不仅影响着我国的可持续发展，还产生了许多的间接污染以及破坏，在积极地预防各类大气污染的过程之中，工作人员以及相关的参与人员必须要立足于大气污染治理的现实条件，深入分析大气污染产生的原因。从目前来看，我国北方地区极易出现各种沙尘暴等恶劣天气，这些天气导致现有的绿化植被的覆盖率持续降低，许多的沙尘直接进入了我国城市地区。同时还出现了气团，气团会直接与污染物融合，最终出现了较为严重的大气污染。

（4）尾气排放

改革开放推动了我国城市居民生活质量以及生活水平的提升，车辆已经成为了人们在日常生活实践之中的必备工具。随着人们车辆拥有数的不断上升，大气污染物排放量也水涨船高，其中汽车尾气之中有许多的有害气体，因此产生了较为严重的大气污染现象。

1.1.2.3 治理措施

（1）面临问题

首先在大气污染治理的过程之中我国还没有建立健全现有的治理机制，这些严重影响了我国大气污染治理工作的有效落实，难以真正地改善目前的大气环境质量，具体来说主要包括以下几点：

1）在实践运作的过程之中，工作人员缺乏科学且合理的污染源管理机制。随着各种汽车保有量数量的不断上升，在管理汽车尾气排放的过程之中，我国采取的管理模式仍然较为落后，难以真正地保障尾气管理质量以及效果。

2）结合目前的经济建设来看，我国出现了许多新型的污染防治规定，但是大部分的工作处于前期的发展以及探索阶段，难以规范各个部门和企业，最终导致大气污染问题无法得到有效的解决。

3）政府还没有发挥一定的管理及监督作用。大气污染治理问题是一个长期性的工程，因此需要投入大量的人力、物力以及财力，但是因为某些地区自身的经济实力十分有限，不管是人力资源还是资金基础都难以得到有效的保障，最终导致政府的管理及监督工作难以落到实处。其次，大气环境污染治理还缺乏系统化的减排措施。尽管在大气污染环境不断严峻的今天，社会各界越来越关注大气污染的治理问题并且出台了许多与节能减排相关的文件和政策，但是从目前来看，在现阶段大气污染治理的过程之中，我国还没有积极地建立一套切实可行的总量控制机制，实际的大气污染质量体系难以得到有效的完善，大气质量持续下降，现有的减排政策以及相关的管理措施无法有效地改善实际的空气质量。最后，在对大气污染进行治理时，目前所采取的手段只能够对一次污染进行有效的预防，难以真正地发挥复合污染治理的作用以及价值。同时工作人员也没有站在系统的角度对不同的污染治理方法进行有效的结合以及充分的利用，实际的大气污染治理形势不容乐观。

（2）大气污染治理措施

1）持续开展大气污染防治行动

蓝天保卫战成效显著。《大气污染防治行动计划》空气质量改善目标和重点工作任务全面完成。基本完成地级及以上城市建成区燃煤小锅炉淘汰，累计淘汰城市建成区10蒸吨以下燃煤小锅炉20余万台，累计完成燃煤电厂超低排放改造7亿kW。全国实施国V机动车排放标准和油品标准；黄标车淘汰基本完成，新能源汽车累计推广超过180万辆；推进船舶排放控制区方案实施。启动大气重污染成因与治理攻关项目。开展京津冀及周边地区秋冬季大气污染综合治理攻坚行动。清理整治涉气"散乱污"企业6.2万家，完成以气代煤、以电代煤年度工作任务，削减散煤消耗约1000万t；落实清洁供暖价格政策，在12个城市开展首批北方地区冬季清洁取暖试点；实施工业企业采暖季错峰生产；天津、河北、山东环渤海港口煤炭集疏港全部改为铁路运输。

2）着力推进绿色发展

完善主体功能区规划体系及配套政策，建立资源环境承载能力监测预警长效机制，实施重点生态功能区产业准入负面清单制度。完成京津冀、长三角、珠三角区域战略环评，开展连云港等 4 个城市"三线一单"（生态保护红线、环境质量底线、资源利用上线和环境准入负面清单）试点，印发《"三线一单"编制技术指南（试行）》。和河北省人民政府签署推进雄安新区生态环境保护工作的战略合作协议，开展雄安新区环境综合整治。印发《长江经济带生态环境保护规划》，落实"共抓大保护，不搞大开发"要求。实现全国环评审批信息实时报送，完成环评审批 18.5 万个，涉及总投资 28.24 万亿元，其中环保投资 8007 亿元；完成登记表备案 78.75 万个，约占建设项目总数的 81%。加快推进环保装备制造业发展，印发《国家鼓励发展的重大环保技术装备目录（2017 年版）》。积极应对气候变化，顺利启动全国碳排放交易体系，统筹推进低碳发展试点示范。全国万元国内生产总值二氧化碳排放（以下简称碳强度）同比下降 5.1%，超额完成 4% 的年度目标。开展省级人民政府控制温室气体排放目标责任评价考核。全国碳强度下降率首次纳入国民经济和社会发展统计公报。各省（区、市）碳强度下降率纳入绿色发展评价指数，进一步强化了地方控制温室气体排放的责任。建立健全能源消耗总量和强度"双控"目标责任评价考核制度，实施能效、水效领跑者制度。清洁低碳能源发展加快，天然气和水电等清洁能源消费比重上升 1.3 个百分点。

　　3）强化环境督察执法

　　作为一种新型的污染形式，城市复合污染严重影响了大气质量。从我国目前的法律体系可以看出，我国还没有结合这一现实条件建立有效的大气环境质量监测体系，因此在实践工作的过程之中无法实现各个污染的有效控制。为了弥补这一不足，我国环境监测部门必须要加强与其他部门之间的协作，通过对各类污染物的深入研究以及分析来更好地掌握大气污染物的特点，从而构建针对性的质量监测体系，为后期大气污染有效治理工作的大力落实奠定坚实可靠的基础。

　　大气污染问题是一个复杂性的问题，会受到许多不同方面的影响。在长期治理的过程之中除了需要加大对企业的约束之外，还需要不断地提升现有的监管力度，了解一些违反相关治理规定的企业，积极加大基金投入，给予企业一定的政策支持，保障企业能够站在宏观的角度树立良好的环保观念，只有这样才能够更好地为我国大气污染治理工作的有效落实营造良好的外部环境。

　　要想真正地解决目前大气污染在治理过程中所面临的各类困难以及障碍，我国必须要积极地控制污染源头，首先对企业现有的产业结构进行相应的调整。其次，加大对电力行业的监督以及控制，保证企业采取现代化的措施促进煤炭使用效率的提升。最后，我国需要加大对机动车尾气排放的数量以及质量的控制，采取专项行动来真正地实现 24h 在线监控，有效地促进节能减排工作的大力落实。

　　在中央环境保护督察试点和第一、第二批督察基础上，2017 年完成了第三、第四批 15 个省份的督察，实现第一轮中央环境保护督察全覆盖。督察进驻期间共问责党政领导干部 1.8 万多人，受理群众环境举报 13.5 万件，直接推动解决群众身边的环境问题 8 万多个。组织开展甘肃祁连山国家级自然保护区生态环境问题专项督查，印发督查通报，对包括 3 名中管干部在内的 11 名负有领导责任的干部严肃问责。加强环境保护督政工作，2017 年约谈 30 个市（县、区）、部门和单位；对山西临汾等城市进行区域限批，对河北廊坊大气环境问题进行挂牌督办，对江苏南通督察整改不力、黑龙江大气严重污染等典型案件开展机动式、点穴式专项督察。持续开展环境保护法实施年活动。全国实施行政处罚案件 23.3 万件，罚款金额 115.8 亿元，比新环境保护法实施前的 2014 年增长 265%。全国 278 家已建生活垃圾焚烧厂布设 679 个监控点，全部完成"装、树、联"（依法安装自动监控设备、在厂区门口树立电子显示屏、实时监控数据与环保部门联网）任务。妥善应对环境风险，调度处置突发环境事件 302 起，其中重大事件 1 起（陕西省宁强县汉中锌业铜矿排污致嘉陵江四川广元段铊污染事件），较大事件 6 起，一般事件 295 起。全国"12369"环保举报管理平台共接到公众各类举报 618856 件，已办结 618583 件，办结率 99.9%。严格核与辐射安全监管，开展"核电安全管理提升年"和放射源安全检查专项行动，圆满完成东北边境地区辐射环境安全风险应对任务。

4）深化和落实生态环保改革措施

中央全面深化改革领导小组审议通过按流域设置环境监管和行政执法机构、设置跨地区环保机构试点方案，中共中央办公厅、国务院办公厅印发《生态环境损害赔偿制度改革方案》《关于划定并严守生态保护红线的若干意见》等。江苏、山东、湖北、青海、上海、福建、江西、天津、陕西 9 省（市）省已出台环保机构垂直管理制度改革实施方案新增备案。出台《排污许可管理办法（试行）》和《固定污染源排污许可分类管理名录（2017 年版）》。建成全国排污许可证管理信息平台，基本完成火电、造纸等 15 个行业许可证核发。中共中央办公厅、国务院办公厅印发《关于深化环境监测改革提高环境监测数据质量的意见》，明确要求对人为干扰环境监测活动的行为予以严肃查处。完成 2050 个国家地表水监测断面事权上收，全面实施"采测"分离，实现监测数据全国互联共享。京津冀、长江经济带和宁夏等 15 个省（区、市）生态保护红线划定方案以及推进三江源、东北虎豹、大熊猫、祁连山等国家公园体制试点，出台《建立国家公园体制总体方案》。

5）稳步推进生态保护

6 省（区）开展第二批山水林田湖草生态保护修复工程试点，持续推进青海三江源区、岩溶石漠化区、京津风沙源区、祁连山等重点区域综合治理工程。继续推进新一轮退耕还林还草、重点防护林体系建设等重点生态工程，完成营造林面积 2.35 亿亩。

持续加强天然林保护，新纳入天然林保护政策范围的天然商品林面积近2亿亩。贯彻落实中共中央办公厅、国务院办公厅关于祁连山通报精神，开展"绿盾2017"国家级自然保护区监督检查专项行动，各地调查处理2.08万余个违法违规问题线索，对1100多人追责问责。启动实施生物多样性保护重大工程，建立440余个生物多样性观测样区，针对珍稀濒危、极小种群野生植物开展野外救护和繁殖。国务院批准新建17个国家级自然保护区，总数达463个。开展全国生态状况变化（2010—2015年）遥感调查评估。暂停下达2017年地方年度围填海计划指标，对沿海11个省（区、市）开展围填海专项督察。稳步推进"蓝色海湾""生态岛礁"等生态修复项目，已整治岸线70余km，修复滨海湿地2100余hm^2。

6）强化环保支撑保障措施

中央财政大气、水、土壤污染防治等专项资金规模达497亿元。完成水污染防治法、核安全法、环境保护税法实施条例、建设项目环境保护管理条例等法律法规制订修订，发布《农用地土壤环境管理办法（试行）》等4件部门规章。国务院办公厅批复印发《第二次全国污染源普查方案》。启动大气重污染成因与治理攻关项目，成立国家大气污染防治攻关联合中心。组建国家环境保护督察办公室，六个区域督查中心由事业单位转为行政机构并更名为督察局。发布160项国家环保标准，印发2项污染防治可行技术指南、6项污染防治技术政策和《国家先进污染防治技术目录》。发布《"一带一路"生态环境保护合作规划》《关于推进绿色"一带一路"建设的指导意见》和《长江经济带生态环境保护规划》。环境经济政策取得新进展。印发《环境保护专用设备企业所得税优惠目录（2017年版）》《环境保护综合名录（2017年版）》，深化环境污染责任保险试点，2017年全国投保企业1.6万家次，保险公司提供风险保障金306亿元。10余个省份建立环保信用评价制度，实施跨部门联合奖惩。建立上市公司环境信息披露联合监管工作机制。全国地市级以上环保部门全部开通官方微博和微信公众号。

1.1.3 大气稳定度与混合层高度

1.1.3.1 大气稳定度

根据使用资料的不同大气稳定度分类方法主要分为常规气象资料法和特殊气象资料法两大类11种判定方法。

（1）基于常规气象资料的大气稳定度分类法

1）Pasquill法

Pasquill法（PL）主要根据常规观测的太阳辐射、云量和地面风速等资料将大气稳定度分为极不稳定、不稳定、弱不稳定、中性、弱稳定和稳定六个级别，分别用字母A、B、C、D、E和F类表示。通过内插值还可进一步细分为A～B、B～C、C～D、D～

E 和 E～F 类。PL 法中的日间太阳辐射状况简单分为强、中、弱三级。

日落前一小时至日出后一小时定义为夜间；同时不论天空云量多少，将日出后及日落前一小时的稳定度级别均定为 D 类。这些基本量的确定逐渐成为后来分类的基础。由于 PL 法只需要常规气象资料，简便实用，因此被广泛使用；但该方法只粗略考虑了热力和动力两方面因素对稳定度的影响；对于平坦开阔农村地区适用性比较强，而对于城市、水面、荒漠等特殊下垫面地区只能半定量地划分稳定度级别。

2）Pasquill – Turner 法

Pasquill – Turner 法（P – T 法）是指 Pasquill 提出，经 Turner 进一步修正的方法。Turner 首先根据太阳高度角给出了日照级数，然后根据天空云量状况对日照级数订正，得出净辐射指数，最后结合地面 10m 风速给出稳定度类别。Turner 当初用 1、2、3、4、5、6、7 级分别对应 Pasquill 法的 A、B、C、D、D～E、E、F 类。这两种方法基本原理相同，只是 P – T 法更准确。P – T 法只要有太阳高度角、云高、云量和地面风速的观测资料，就能客观地给出稳定度分类级别，既简单易行又基本合理，所以至今它仍是实际工作中最为常用的方法。

3）P·S 法

P·S 法是指经原国家环保局修订的 Pasquill 分类法。它起始于 20 世纪 70 年代，我国在环境保护研究实践中，结合国情作了修订，并将其作为国家标准《制定地方大气污染物排放标准的技术方法》（GB/T 3840—91）规范使用，是我国广泛使用的稳定度分类法，对于平原有较好的适用性。P·S 法大气稳定度等级的划分是使用 Pasquill 法划分标准，分别由 A、B、C、D、E 和 F 表示强不稳定、不稳定、弱不稳定、中性、较稳定和稳定级别。

4）城市稳定度分类法

城市稳定度分类法（L_D）是 Ludwig 和 Dabberdt 基于 Pasquill – Turner 法提出的城市（含城郊）稳定度分类法。该方法的要点主要是先由云量和太阳高度角求日照参数（Φ），其中，0 ≤ Φ ≤ 1，大小代表日照强度，分为强日照（Φ > 0.55）、中等日照（0.3 ≤ Φ ≤ 0.55）和弱日照（Φ < 0.3）三种。求得后，再根据风速、太阳高度角、云量等确定稳定度级别。

（2）基于特殊气象资料的大气稳定度分类法

1）梯度资料分类法

温度梯度法：温度梯度法或称温差法（ΔT/ΔZ）是指用两层大气间铅直方向的温度梯度来表示水平和垂直方向上的湍流状态。温差法是美国田纳西河流域管理局发现的，随后国际原子能机构在 1980 年推出其判据。该判据推出后不久即被中科院大气所采用。长期的大量实践研究表明，温度梯度法适用于判断稳定大气层结，不适合用在高架源排放和不稳定状态层结分类。

温度梯度—风速法：温度梯度—风速法是综合考虑温度梯度和风速的方法。该方法在温度梯度法的基础上根据地面风速的不同又增加划分六大类，稳定度分类更加详细。由于此方法同时考虑了大气湍流热力和动力两方面的影响因子，所以总体上较之仅以温度梯度作判断的方法要好。

风速比法：大气湍流扩散能力与风速密切相关。风速比（UR）为上下两层风速的比值。UR法参照Pasquill稳定度分类规则，根据两层风速比值大小分为6个类别。UR值是根据Businger表达式计算的，为一种经验数据，适用于风速大、稳定级别高的大气稳定状态判定。

理查逊数法：理查逊数（Ri）是1920年Richardson为了表征大气稳定度而根据能量收支方程引入的，是一无量纲参数。Ri综合了湍流激发的热力因子和动力因子的作用，反映了更多的湍流状况信息，因此Ri法判断大气稳定度较准确。其判据国内一般采用中科院大气所1980年推荐使用的标准。由于Ri法对风速、温度梯度资料的精度要求高，对风速反应尤为敏感，有高精度铁塔风温观测资料时计算结果较准确，但现实中普遍缺乏铁塔观测资料，所以在实际应用中很少。

总体理查逊数：由于Ri式中风速差处于分母位置，任何微小的风速测量误差将会导致Ri计算结果出现巨大的偏差，因此为了避免精确测量风速值难以获得的困难，常用总体理查逊数（BRi）来表示。BRi的计算采用上下连续两个高度层风速和高度的几何平均值来表示，得出的结果为两高度的平均几何高度的BRi值。目前BRi法还没有相对统一的划分大气稳定度标准，大多采用D. Golder、Irwin和Houghton等提出的分类标准。

2）湍流资料分类法

风向脉动标准差法：风和湍流是大气扩散能力大小的决定因子，可见风向脉动标准差δA（水平）和δE（垂直）是一个直接表征大气湍流强弱的参量，与扩散参数关系密切，能够弥补常规气象资料划分稳定度的不足，作为大气稳定度的分类判据较准确。其分类判据一般采用美国国家环保局空气质量控制守则里推荐的标准，分为水平和垂直两个风向脉动标准差分类判据。

莫宁—奥布霍夫长度法：莫宁—奥布霍夫长度（L）是又一个表征近地层湍流状态的指数，和Ri一样是一个无量纲参数。L值可以由Ri或BRi对应的函数关系求出，其计算较为复杂，涉及摩擦速度、卡门常数、垂直湍流热通量和空气定压比热等参数，而这些参数的获得需要借助三维超声风速仪等特种仪器。与BRi法一样，L法稳定度分类标准主要有D. Golder、Irwin和Houghton提出的三种判据。

通过上述比较分析可知，大气稳定度判定方法的选择是基于气象资料而定。

当只有常规的风速、日照、云量等气象观测资料时，在实际应用中建议使用简便实用的 P·S 法；此方法在开阔平坦下垫面条件下有较好的分类结果。当至少有两层风温观测梯度资料时，推荐使用总体理查逊数法；但由于其没有统一的分类标准，所以采用何种分类判据对结果会有一定的偏差。若有高精度的风温梯度资料，理查逊数法则在理论上更加合理，分类也更精确。当有三维超声风速仪、涡动协方差测量系统等特种设备测量的湍流数据时，莫宁—奥布霍夫长度法和风向脉动标准差法都能给出很好的分类结果。

1.1.3.2 大气混合层高度

大气混合层高度是反映污染物在铅垂方向扩散的重要参数，也是影响大气污染物扩散的主要气象因子之一，对大气环境预测和环境规划及大气环境总量控制起着重要作用。大气稳定度是指近地层气块受到扰动后气块在铅直方向上运动的强弱程度，是大气湍流状况的一种表征，是大气扩散能力一个重要的综合指数。如何客观准确地进行大气稳定度分级是污染气象学的重点内容之一，对于提高大气边界层数值模拟和大气污染扩散预报精度至关重要。大区域大气混合层高度的确定方法如下：

（1）干绝热法

干绝热法是由美国 Holz-worth 提出的，考虑在典型的大气条件下，夜间由于地面辐射冷却接近地面空气而形成逆温，呈稳定状态，而白天由于太阳辐射而呈不稳定状态，忽略平流、下沉及机械湍流影响时，平均混合层高度则由清晨探空温度廓线和地面最高、最低气温而定。具体求法是在绝热图上从每天地面最高气温（或最低气温）所在的点沿干绝热线上升与早晨探测的温度廓线相交，该点距地面的高度为日最大混合层高度（或日最小混合层高度）。由于热岛效应的存在，城乡之间的空气相交换形成热岛环流，使大气的湍流增加，混合层高度也会相应增加。因此，在确定城区的混合层高度时，在绝热图上每天的最高、最低气温要加上城乡温差。在整个研究的区域内，根据城市的大小，城乡温差取 0.4～1.5℃之间。

（2）罗氏法

Nozaki 等人在 1973 年认为，混合层是由热力和机械湍流共同作用的结果，且边界层上部大气运动状况与地面气象参数间存在着相互联系和反馈作用。因此，可用地面常规气象参数来估算平均混合层高度，并提出如下的计算公式：

$$H=1216（6-P）（T-Td）+0.169P（Uz+0.257）12\,flnZ_0 \tag{1-1}$$

式中：H 为计算的平均混合层高度（m）；（$T-Td$）为露点差（℃）；P 为帕斯奎尔稳定度级别的取值；Uz 为 Z 高度处所观测的平均风速（m/s）；Z_0 为地面粗糙度（根据不同区域地面的平坦粗糙情况及城市大小来取值，在乡村地区取 0.03～0.2m，在市区取

0.8 ~ 2.0m）；f 为地转参数（1/s）；f=2ΨsinY；Y 为地理纬度；Ψ 为地球自转角速度（本方法简称罗氏法Ⅰ）。在各城市市区，由于高大建筑物的影响，地面风比飞机场气象台测到的风速要小。城市越大，建筑物的影响就越大，实际风速比观测到的风速就越小。因此在平均混合层高度计算时，对市区的风速应根据城市的大小先衰减 20% ~ 35%，再按（1-1）式计算，然后按各类稳定度出现的频率加权取和。

（3）在风速、大气稳定度联合频率基础上应用罗氏法计算

在前人工作的基础上，笔者提出了一种在风速、大气稳定度联合频率基础上应用罗氏法计算平均混合层高度的新方法，这样可考虑到各种气象条件和静风对混合层的贡献和影响，所计算的结果更能反映实际情况。其计算式如下：

$$H=\sum_{i=1}^{5}\sum_{j=1}^{8}\left[(6-P)_j(T-Td)_j+0.169P_j(U_{zi}+0.257)^{12}\ln(Z_0)\right]\times f(i,j) \quad (1-2)$$

式中：f（i，j）为各种风速段、不同大气稳定度条件下出现的频率（%）；（其他符号同前）。

1.2　大气污染现状研究

随着中国经济的快速发展，大量化石能源燃烧导致的大气污染问题日益受到社会的关注。党的十九大报告明确指出要加快生态文明体制改革，着力解决突出的环境问题，坚持全民共治、源头防治，持续实施大气污染防治行动，打赢蓝天保卫战。目前，我国大气环境治理面临着诸多挑战，研究转型期中国大气污染的时空演化特征，并根据各地区经济发展诉求及其环境治理能力的差异，因地制宜、因时制宜地提出针对性的分类治理政策十分必要，对于区域空气质量改善和城市经济、环境、能源的协调发展具有重要意义。相比之下，诸多发达国家工业化已经完成，比我国更早地面临大气污染问题，经过多年的实践，积累了大量环境治理的成功经验。因此，分析中国大气污染的时空演化特征及其影响因素，剖析大气污染的治理政策及其管理体制变革，并结合国外大气污染的治理实践与有益经验，有助于探索未来中国大气污染治理的路径。

1.2.1　我国大气污染特征

1.2.1.1　时空差异

对大气污染演变特征的认识是制定治理政策时应当考虑的首要环节，由此可以发现现有治理政策存在的问题。根据《中华人民共和国大气污染防治法》，大气污染主要包括燃煤污染、机动车船污染、废气、尘和恶臭污染等。随着经济结构和生产生活方式的转变，城市大气污染的来源、构成、时空分布发生了深刻的变化。根据污染源、

污染物、污染方式、污染尺度、污染频率和污染区域等维度的差异，笔者归纳和总结了我国城市大气污染的演变特征，见表1-5。

中国城市大气污染物演变历程　　　　　　　　　　　表 1-5

时间 维度	1949—1990 年	1990—2000 年	2000—2009 年	2010 年至今
污染源	燃煤、工业	燃煤、工业、扬尘	燃煤、工业、机动车、扬尘	燃煤、工业、机动车、扬尘、生物质焚烧、土壤尘、二次无机气溶胶
污染物	二氧化硫、悬浮物、PM10	二氧化硫、氮氧化物、悬浮物、PM10	二氧化硫、PM10、PM2.5、氮氧化物、挥发性有机化合物、氨	PM2.5、PM10、臭氧、一氧化碳、二氧化氮、二氧化硫、氮氧化物、挥发性有机化合物、氨
大气问题	煤烟尘	煤烟尘、酸雨、颗粒物	酸雨、煤烟尘、光化学污染、灰霾	灰霾、细颗粒物、光化学污染、臭氧、煤烟、酸雨、有毒有害物质
污染方式	工业生产	工业生产、城市建设	工业生产、城市建设、移动污染	工业生产、城市建设、移动污染、生活污染
污染尺度	局地	局地+区域	多城市+跨区域	广覆盖+跨国
污染区域	工业基地	部分城市	东南部大范围地区	大部分城市区域
污染频率	偶尔	较少	较多	频繁

由表1-5可见，我国城市大气污染在很多方面都发生了巨大的变化，呈现出明显的阶段性特征，主要体现为以下几点。

（1）污染物复杂化

这是指城市大气污染物由简单的物理构成转变为复杂的化学构成，这种污染物的二次反应导致了更为严重的大气污染问题。特别是随着污染物的多样化，城市大气污染物构成类型也不断变化。在20世纪90年代以前，大量的煤炭消耗和重工业生产造成了以二氧化硫（SO_2）、悬浮物（TSP）和可吸入颗粒物（PM10）为主的烟煤型大气污染。进入20世纪90年代，城镇化建设带来了大量悬浮物（TSP）、细颗粒物（PM10）等微尘污染，形成酸雨微尘型大气污染危害。进入21世纪之后，城市汽车保有量激增，增加了氮氧化物、一氧化碳等污染，汽车尾气成为城市大气污染的主要来源。近几年来，细颗粒污染加剧，臭氧层破坏严重，氮氧化物、颗粒物、碳氢化合物、一氧化碳等多种污染物与更多来源未知的污染物相互叠加，产生复杂的物理化学反应，造成二次无机气溶胶污染，而灰霾就是主要表现形式。

（2）污染方式轻型化

在工业生产活动之外，社会公众生活的负外部性成为造成城市大气污染的重要因素。在城市大气污染初期，污染方式主要是煤炭燃烧等工业生产性活动。随着我国进入城镇化快速发展阶段，城市建设和开发的力度不断增强，扬尘、微尘污染便成为城市大气污染的重要来源。当汽车成为市民出行的主要交通工具，汽车尾气就成为大气污染主要的移动来源。而灰霾等大气污染来源更为复杂和多元化，城市垃圾焚烧、城郊生物质焚烧、家庭烹饪油烟等城市居民生活污染物都对城市大气环境的有限容纳力构成了极大挑战。因此，城市大气污染的主体囊括了工业企业、建筑公司、市政管理部门以及城市普通居民，而城市大气污染方式也由生产性活动的单一来源转变为重型工业生产活动与轻型生活消费活动共生。

（3）污染范围扩大化

城市大气污染范围不断增大，由点源污染演变为面源污染，呈现出区域化、国际化的特征。最初烟煤型大气污染的影响范围零散地分布在重工业基地等局部地区，大气污染的外溢性不太显著，区域化特征也不明显。但随着城市交通和城市建设的发展，汽车尾气、扬尘等污染形式在多数城市出现，少数城市的点状污染逐渐汇集成块状污染。

更为严重的是，灰霾等细颗粒污染、二次无机气溶胶污染能够在远程传播，呈现出区域性叠加及污染扩散的特性。中国城市普遍的粗放式工业化进程促使块状污染发展成为区域性面源污染。污染物甚至漂浮扩散到周边国家，如日本、韩国。大气污染的影响范围超出了国家地理边界。

（4）污染时间持续化

城市大气污染天气发生的频率显著增加，污染影响持续时间长。以霾日天气为例，根据对 1951~2005 年 743 个国家基本站的气象观测统计发现，从时间维度来看：在工业化初期的 20 世纪 80 年代之前，中国霾日频率较低，一般每年不超过 50 天；20 世纪 90 年代霾日数明显增加；到了 2000 年以后，中国东部大部分地区每年的霾天气都超过了 100 天，一些大城市区域甚至超过了 150 天，并呈现出与经济活动的密切正相关关系。据国家环境保护部的统计，2013 年全国平均灰霾日数达到 35.9 天，为 1961 年以来的最长时间。

在过去几十年，我国在城市化和工业化方面取得了长足的进步，但区域大气环境污染问题日益严重。SO_2、NO_x、PM2.5、PM10 等区域性复合型大气污染最为突出，且在时空维度上呈现不同的演化特征。众所周知，由于大气污染的外部性特征，区域大气污染程度通常受到本地源和周边源的综合影响，致使不同区域的大气污染变化过程呈现出不同演化特征。从区域大气污染情况来看（如表 1-5 所示），东部地区的 PM2.5 排放大体呈增长趋势，其中北京、天津、河北、上海、江苏、山东等省市 PM2.5 排放相对较大，海南省 PM2.5 排放量相对较小。中部地区的河南、安徽等能源消费大省 PM2.5 排放相对严重，内蒙古、吉林、黑龙江等省份 PM2.5 排放量较小。相比之下，西部地区 PM2.5 排放较之于东、中部地区明显偏小，且变动幅度不大。总体来看，东部经济发达省份与中部能源消费大省的 PM2.5 排放较为严重，大气污染排放与区域经济及其能源消费总量密切相关。

从中国城市层面来看，大气污染形势十分严峻。2016年7月6日至2017年6月26日全国367个城市的大气污染数据表明，中国城市大气污染集中于冬季，夏季空气质量最优，且总体表现为春冬高、夏秋低的季节性周期变化规律。如杨冕等分析了长江经济带PM2.5的时空演变规律，认为冬季PM2.5浓度相对较高，春秋两季次之，夏季空气质量最好。自2016年11月6日始，全国有193个城市空气受不同程度的污染，此后，污染城市数量居高不下，并于2017年1月26日达到顶峰。受春节燃放烟花爆竹习俗的影响，1月26日全国空气污染城市205个，占受监测城市总数的55.85%，其中26个城市为严重污染，37个城市为重度污染，38个城市为中度污染，104个城市为轻度污染，大气污染具有明显的节日效应。总体来看，我国城市大气污染具有明显的节日效应和季节性特征。

不同地区的大气污染并不是独立存在的，在空间上呈现一定的集聚特征以及空间溢出效应。Wang和Fang指出区域大气污染在空间上分布不同，且存在一定的集聚现象。Liu等的研究也表明，区域大气污染存在着显著的空间正向自相关。总体来看，我国大气污染呈现明显的阶段性、区域性特征。污染物复杂化、方式轻型化、范围扩大化、时间持续化逐渐成为当前我国大气环境的"新常态"。

1.2.1.2 污染来源

从城市大气污染源来看，不同时点污染源的贡献有所不同。根据环保部的监测数据，笔者统计了近年来中国367个城市不同时点首要污染物的排放情况。统计表明，臭氧8小时、PM2.5、PM10以及NO_2是出现频率最多的大气污染物，但不同时节不同污染物发生的频率并不一致。冬季受PM2.5污染的城市相对较多，而在夏季受臭氧污染的城市相对较多（如图1-8所示）。针对这一现象，有学者指出臭氧、PM2.5、NO_2、CO、SO_2等污染物浓度冬季高夏季低，而O_3浓度为夏季高冬季低。总体来看，中国大气污染存在季节性差异，冬季大气污染物主要以PM2.5、PM10的排放为主，夏季则以臭氧为主。

王冰与贺璇从污染源、污染物、污染方式、污染尺度、污染频率等维度归纳和总结了我国城市大气污染的演变特征。如表1-6所示，影响大气污染的因素在时空上具有显著差异，各地区在不同时点上导致大气污染的主导因素不能一概而论。但共识性的研究认为，大气污染来源于多方面的因素，既有气象与地形等自然因素的影响，又有资源消耗、交通运输、经济发展等人为因素的影响。而诸多学者认为自然因素只是大气污染形成的原因之一，社会经济因素才是区域大气污染的更深层次的决定性因素。因此，理清大气污染排放的影响因素及其治理机制、优化能源结构、加快产业结构转型升级、完善正式环境规制是有效进行大气污染治理的路径选择。

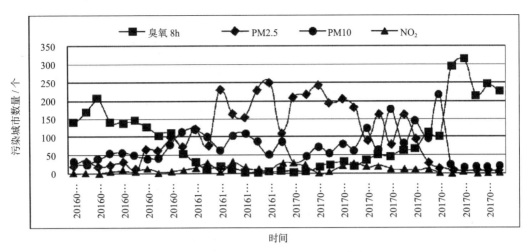

图 1-8 中国主要污染物发生城市统计

中国城市大气污染防治主体的演变趋势 表 1-6

污染情况	1978—1990 年	1990—2000 年	2000—2009 年	2010 年至今
污染源	燃煤、工业	燃煤、工业、扬尘	燃煤、工业、机动车、扬尘	燃煤、工业、机动车、扬尘、生物质焚烧、土壤尘、二次无机气溶胶
污染物	二氧化硫、悬浮物、PM10	二氧化硫、氮氧化物、悬浮物、PM10	二氧化硫、PM10、PM2.5、氮氧化物、挥发性有机化合物、氨	PM2.5、PM10、臭氧、一氧化碳、二氧化氮、二氧化硫、氮氧化物、挥发性有机化合物、氨
人气问题	煤烟尘	煤烟尘、酸雨、颗粒物	酸雨、煤烟尘、光化学污染、灰霾	灰霾、细颗粒物、光化学污染、臭氧、煤烟、酸雨、有毒有害物质
污染方式	工业生产	工业生产、城市建设	工业生产、城市建设、移动污染	工业生产、城市建设、移动污染、生活污染
污染尺度	局地	局地 + 区域	多城市 + 跨区域	广覆盖 + 跨国
污染区域	工业基地	部分城市	东南部大范围地区	大部分城市区域
污染频率	偶尔	较少	较多	频繁

1.2.2 我国大气污染防控的法律法规

1.2.2.1 政策演变

（1）阶段认识

在世界范围内，曾有多个国家经历过城市大气污染治理的难题。例如，英国在1952 年经历了伦敦烟雾事件，美国洛杉矶在 1952 和 1955 年爆发了光化学烟雾事件，这些大气污染灾害事件都造成了大量城市人口的健康损害甚至死亡。此后，国外相继开展了大规模的科学研究和城市大气污染整治行动，形成了比较完善的治理政策体系。中国在这个方面起步较晚，对城市大气污染的认识以及治理政策尚不成熟，大致经历了以下几个阶段。

1）第一阶段：政策设计的认知阶段

自 1949 年到 20 世纪 70 年代，是政策设计的认知阶段，大气污染问题尚未进入正式的政策议程，具体的治理政策较为匮乏。在新中国成立初期，重工业优先发展战略逐渐带来了局部大气污染问题。然而很长一段时间内，由于缺乏对大气保护的认知，我国并未制定系统的大气保护政策，甚至对大气污染治理持排斥态度，认为大气污染是资本主义国家的问题，社会主义国家能够将污染问题从根本上加以解决。因此，尽管我国在 1956 年就出台了涉及大气污染治理的政策，即《关于防止厂矿企业中矽尘危害的决定》，但它是以社会主义制度下对工人权益的维护作为出发点而制定的，其核心内容在于改善工人的室内工作环境。总体而言，在政策认知阶段，中国各界对城市大气污染的重视程度有限，治理政策较少。但随着煤烟型、烟尘型污染的累积，污染对居民健康的危害逐渐显现，政府及社会各界对大气污染的认识加深，大气保护意识萌发，这也成为大气污染法治化治理的前奏。

2）第二阶段：政策制定的法律化阶段

20 世纪 70 年代，中国的城市大气保护正式起步，政策制定开始法律化和标准化。1973 年，中国召开了第一次环境保护会议，通过了第一个法规性质的环保文件——《关于保护和改善环境的若干规定》。同年，第一个大气治理政策——《工业"三废"排放试行标准》出台，至此大气污染问题才逐渐进入政策视野。1979 年全国人大颁布了《中华人民共和国环境保护法（试行）》，大气污染治理是其中的重要内容。1987 年，《大气污染防治法》正式出台，并在 1995 年和 2000 年进行了两次修订。在法律的基础上，我国又出台了关于大气污染防治标准的一些具体政策。例如，1982 年和 1996 年制定并修正了《环境空气质量标准》，建立了一系列的大气污染物排放限值标准。《工业窑炉烟尘排放标准》、《火电厂大气污染物排放标准》、《水泥厂大气污染物排放标准》及《大气污染物综合排放标准》，更是对超过 33 种大气污染物的排放限值和标准制定技术方法等进行了规定。在这一阶段，我国逐渐形成了统一、完整的大气污染防治法律法规体系，大气污染防治进入到了有法可依的阶段，特别是明确了防治大气污染的原则、方法、责任、标准。但是，关于大气污染治理的法律和标准仍是较为笼统的政策形式，在法律和标准的执行过程中，尚缺乏强有力的行为激励和约束。

3）第三阶段：政策认知深化与提升阶段

在 21 世纪的前 10 年里，大气治理又经历了一个深化认知和政策提升的过程。在环境治理的宏观层面，2003 年中央提出了科学发展观的理念，强调在发展经济的同时也要注重环境保护，以促进人与自然的和谐发展。在"十七大"上，正式将生态文明提升到国家战略高度。在此后的国家机构调整和改革中，环保总局被提升为环境保护部，以更好地统筹规划包括大气质量在内的环境保护工作。环境保护的科学认知、地位、意义得到大幅度提升，大气污染从一个"发达资本主义的问题"转化为对中国具有重大意义的发展道路选择问题。在大气污染治理实践方面，酸雨、二氧化硫、机动车污染控制研究分别被纳入国家科技攻关项目，为污染专项整治和政策的制定奠定了科学基础；并以珠三角城市群为试点，开展了对城市群区域大气复合污染控制关键技术的综合研究。此外，为保障北京奥运会空气质量而探索建立的跨多省市、多部门、多级别的区域复合大气污染联防联控则成为了一次成功的实践。然而，我国城市大气质量却没有得到有效保障，甚至不断恶化，其中的重要的原因之一就是政策治理手段的单一。城市大气污染的防治政策可以分为法律手段、经济手段和行政手段，不同政策手段的效果具有很大差异，需要区别对待、综合运用。

中国早期对城市大气污染的治理主要是运用法律手段，即制定保护性法律法规。法律手段稳定性较强，为防治污染指明了方向和原则，但是缺乏清晰具体的实施细则，可操作性差，短期内效果有限。此外，中国治理城市大气污染问题运用较多的是限制性或惩罚性行政手段。行政手段具有时效性强的优点，但其采取的是自上而下的命令控制型实施方式，一旦政策执行过程产生变异，将严重影响到政策的效果，甚至造成政策落空。与此同时，由于行政官僚体制的拘囿以及社会创新管理能力滞后等原因，致使市场型政策工具的运用十分有限。根据经合组织国家从污染型增长向环保型增长转变过程的经验来看，仅有限制性行政举措或保护性法律法规是不能阻止环境污染蔓延的，而必须结合行政性调控政策、市场性激励政策、替代性绿色技术等方法，尤其是需要更多地运用市场工具以激励各主体保护大气的积极性，同时也能潜移默化地促使行为者认识到环境的价值，从而改变人们的行为。

4）第四阶段：政策反馈与综合调整阶段

2010 年以来，以灰霾为主导的城市大气污染问题全面爆发，PM2.5、PM10 等细颗粒物和臭氧、二氧化碳、二氧化氮、一氧化碳等大气污染物交叉并存，形成跨区域、多中心、广覆盖的复合型城市大气污染，并不断加重和蔓延。灰霾型综合大气污染问题成为关乎民生健康、社会发展和经济走向，迫切需要解决的重大政策前沿问题。

在城市大气污染跨区域治理的科学探索和联合试点的基础上，《关于推进大气污染联防联控工作，改善区域空气质量的指导意见》《重点区域大气污染防治的"十二五"规划》等跨域联防联控和重点城市区域大气污染防治规划政策陆续出台，二氧化硫、氮氧化物排放总量的削减目标作为必须完成的约束性指标被纳入"十二五"规划纲要，污染物减排目标的完成情况成为各地经济发展和干部考核的重要内容。最新环境空气质量标准的出台从指标和量化方面提升了对大气质量的监测、控制要求。《清洁空气行动计划》《清洁空气研究计划》等大气污染防治专项计划陆续展开，从空气质量检测、污染来源解析、重污染应急、区域空气质量管理和环境政策等技术瓶颈角度构建起了国家层面的大气污染防治技术体系。综上可见，面对日益严峻的城市大气污染形势，我国防治大气污染的政策体系经过政策设计、政策试点、政策整合，正逐步朝着科学完整、切实可行的综合性大气污染治理政策体系迈进。

（2）相关政策

从改革开放以来，我国大气污染防治政策不断进行调整和完善。笔者对1979年以来大气污染防治的相关政策进行了梳理，具体如图1-9所示。总体来看，我国大气污

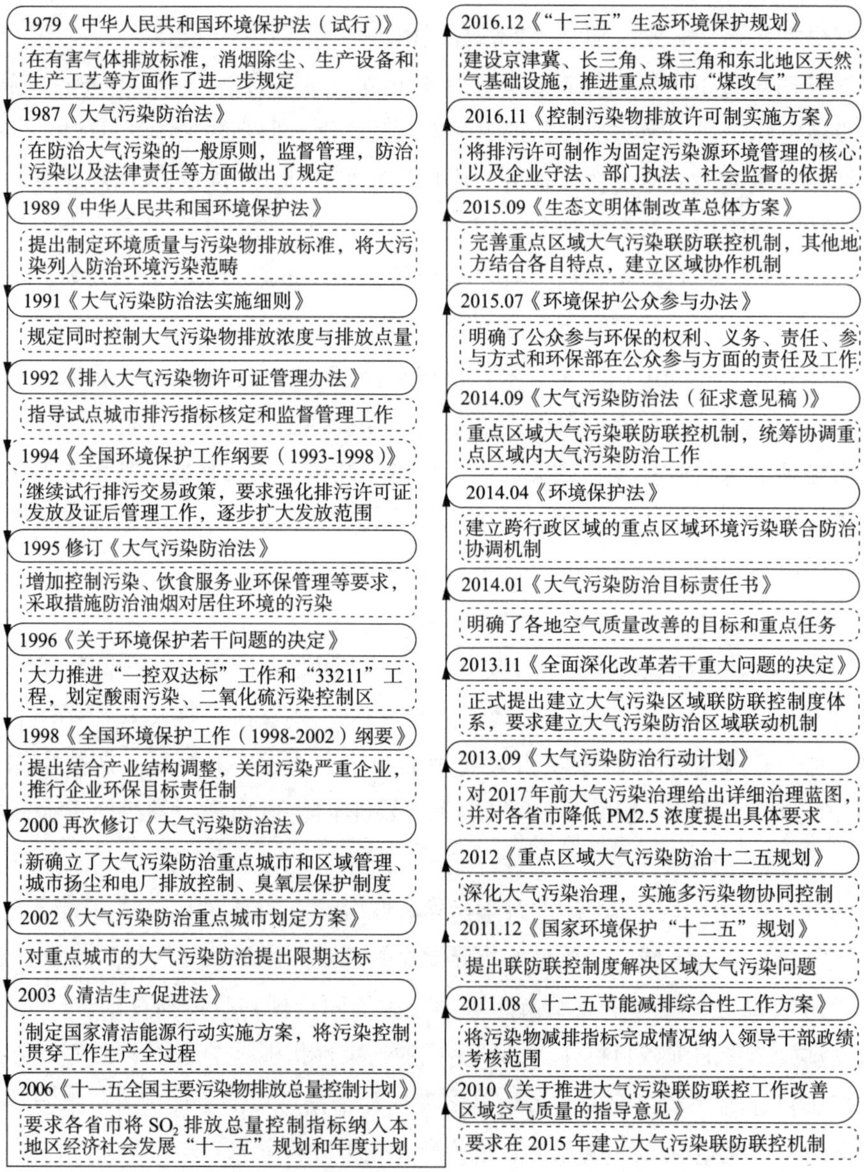

1979《中华人民共和国环境保护法（试行）》	2016.12《"十三五"生态环境保护规划》
在有害气体排放标准，消烟除尘、生产设备和生产工艺等方面作了进一步规定	建设京津冀、长三角、珠三角和东北地区天然气基础设施，推进重点城市"煤改气"工程
1987《大气污染防治法》	2016.11《控制污染物排放许可制实施方案》
在防治大气污染的一般原则，监督管理，防治污染以及法律责任等方面做出了规定	将排污许可制作为固定污染源环境管理的核心以及企业守法、部门执法、社会监督的依据
1989《中华人民共和国环境保护法》	2015.09《生态文明体制改革总体方案》
提出制定环境质量与污染物排放标准，将大污染纳入防治环境污染范畴	完善重点区域大气污染联防联控机制，其他地方结合各自特点，建立区域协作机制
1991《大气污染防治法实施细则》	2015.07《环境保护公众参与办法》
规定同时控制大气污染物排放浓度与排放点量	明确了公众参与环保的权利、义务、责任、参与方式和环保部在公众参与方面的责任及工作
1992《排入大气污染物许可证管理办法》	2014.09《大气污染防治法（征求意见稿）》
指导试点城市排污指标核定和监督管理工作	重点区域大气污染联防联控机制，统筹协调重点区域内大气污染防治工作
1994《全国环境保护工作纲要（1993-1998）》	2014.04《环境保护法》
继续试行排污交易政策，要求强化排污许可证发放及证后管理工作，逐步扩大发放范围	建立跨行政区域的重点区域环境污染联合防治协调机制
1995 修订《大气污染防治法》	2014.01《大气污染防治目标责任书》
增加控制污染、饮食服务业环保管理等要求，采取措施防治油烟对居住环境的污染	明确了各地空气质量改善的目标和重点任务
1996《关于环境保护若干问题的决定》	2013.11《全面深化改革若干重大问题的决定》
大力推进"一控双达标"工作和"33211"工程，划定酸雨污染、二氧化硫污染控制区	正式提出建立大气污染区域联防联控制度体系，要求建立大气污染防治区域联动机制
1998《全国环境保护工作（1998-2002）纲要》	2013.09《大气污染防治行动计划》
提出结合产业结构调整，关闭污染严重企业，推行企业环保目标责任制	对2017年前大气污染治理给出详细治理蓝图，并对各省市降低PM2.5浓度提出具体要求
2000 再次修订《大气污染防治法》	2012《重点区域大气污染防治十二五规划》
新确立了大气污染防治重点城市和区域管理、城市扬尘和电厂排放控制、臭氧层保护制度	深化大气污染治理，实施多污染物协同控制
2002《大气污染防治重点城市划定方案》	2011.12《国家环境保护"十二五"规划》
对重点城市的大气污染防治提出限期达标	提出联防联控制度解决区域大气污染问题
2003《清洁生产促进法》	2011.08《十二五节能减排综合性工作方案》
制定国家清洁能源行动实施方案，将污染控制贯穿工作生产全过程	将污染物减排指标完成情况纳入领导干部政绩考核范围
2006《十一五全国主要污染物排放总量控制计划》	2010《关于推进大气污染联防联控工作改善区域空气质量的指导意见》
要求各省市将SO₂排放总量控制指标纳入本地区经济社会发展"十一五"规划和年度计划	要求在2015年建立大气污染联防联控机制

图1-9 中国大气污染防治政策的演变（1979-2016年）

染防治政策逐步完善，大气污染防治由传统的工业废气、消烟除尘逐步扩大到综合型、区域复合型大气污染治理，治理重心也开始向区域污染控制转变，大气污染治理主要依赖法制与行政手段，并开始运用多种市场型政策工具。特别是近期大气污染防治政策密集出台，政策力度开始向顶层设计集中，引导跨部门、跨区域合作共治和全社会共同参与，治理模式也逐步由属地管理模式向区域协同治理方式转变。

早期我国大气污染问题虽时有发生，但尚未引起社会的广泛关注，政府部门的大气环境治理的重心多集中于工业废气、消烟除尘工作。后期由于我国工业化、城市化进程的持续发展，导致大气污染已成为关系民生健康、社会发展和迫切需要解决的重大政策问题，大气污染治理的工作重心也开始向区域污染控制转变，尝试打破属地管理模式，建立区域联防联控机制。从我国大气污染管理体制的变化过程来看，经过政策设计、试点和整合，我国大气污染防治政策体系与管理体制正逐步完善（如表 1-7所示）。

我国大气污染管理体制变革 表 1-7

时间	机构名称	成立依据	参与主体	基本职能
2004	"9+2"联席会议及秘书处（广东环保局）	泛珠三角区域环境保护合作协议	广东、福建、江西等 9 省以及香港特别行政区、澳门特别行政区	联席会议形式，推进环境保护合作协议的具体落实
2006	北京奥运会小组	国务院批准	国家环保总局、北京、天津、河北等五省（直辖市）	工作会议形式，制定 2008 年奥运会空气质量保障措施并实施
2008	三省市环境保护合作联席会议及办公室	长江三角洲地区环境保护合作协议	江苏、浙江、上海	联席会议形式，制定年度工作计划，推进合作协议的具体落实
2014	全国大气污染防治部际协调小组	国务院批准	环境保护部牵头，其他部委参加	统筹出台大气污染治理的各类政策措施
2013	大气污染防治协作小组	国务院批准	北京等 5 省（直辖市）、环境保护部等 7 部委	明确区域协作的基本原则和工作制度
2014	长三角区域大气污染防治协作小组	国务院批准	上海等 4 省（直辖市）、环境保护部等 8 部委	明确协作的基本原则和五项基本职能

总体来看，我国大气污染管理体制实行统一监督管理与分部门监督管理相结合的方式，如表 1-8 所示。一方面，县级以上人民政府环境保护行政主管部门对大气污染治理进行统一监督管理；另一方面，在环境保护行政主管部门的统一监督管理下，实行由各部门在各自职责范围内分部门分级别的负责制度。

大气污染防治管理主体及其相应职责 表1-8

大气污染管理体制	统一监督管理体制	管理主体	县级以上人民政府环境保护行政主管部门
		主要职责	制定国家和地方的大气环境质量标准和大气污染物排放标准、审查批准建设项目环境影响报告书、征收排放大气污染物的单位的排污费、划定酸雨控制区或者二氧化硫污染控制区、对管辖范围内的排污单位进行现场检查、建立大气污染检测制定并组织检测网络、定期发布大气环境质量状况公报等
	分部门分级监督管理体制	管理主体	环境保护行政主管部门统一监督管理，各部门在各自职责范围内分部门分级负责
		主要职责	由各级公安、交通、铁道、渔业管理部门根据各自的职责，对机动车船污染大气实施监督管理。县级以上人民政府其他有关主管部门在各自职责范围内对大气污染防治实施监督管理

由于当前中国大气污染的区域复合型特征，传统的属地管理模式已难以解决当前日趋严峻的大气污染问题。为此，相关部门围绕大气污染的区域联防联控措施先后出台了多项政策，从大气污染联防联控机制的提出，到排污权交易制度的建立，我国大气污染联防联控体系正在逐步完善。在此背景下，跨区域、跨部门的大气污染联防联控协作机制可以实现区域间的统一规划、监督、评价、协调，是改善区域空气质量的有效途径。

（3）中国城市大气污染治理政策的实践困境

我国城市大气污染治理政策经历了一个动态的变迁过程，治理体系逐步系统化和科学化。然而，通过对大气污染演变特征与政策治理体系变迁过程的比较分析，可以发现两者间的衔接度还不够，治理政策未能及时、有效地把握和应对大气污染演变，传统政策治理的有效性比较低，在政策认知、制定、执行、反馈等具体环节仍存在着诸多问题，主要体现为以下几个方面。

1）理论研究不充分，政策内容科学性不足

当下中国城市大气污染问题包括工业污染、机动车污染、煤烟污染、扬尘污染等多种形式，再加上污染的二次反应，污染类型混合交叉。空气污染不同于其他类型的污染，它具有很强的流动性，不同地域之间、不同污染源之间相互影响、相互叠加。而针对不同来源和类型的大气污染，不同的技术和整治措施效果有很大差别。对空气污染问题的认知偏差也会导致重大政策误差，这迫切需要充分而有效的科学研究作为治理技术支撑。

但统计发现，学术界对灰霾等新型城市大气污染形式的研究和认识均不足，研究方法、研究团队、研究对象和区域分散，综合治理研究非常匮乏。在技术方面，学界甚至对于灰霾的来源、构成等基础问题尚存有很大争议。而在环境经济和政策研究领域，对大气这种公共品价值核算及定价研究的不足，使决策者往往低估和轻视了空气质量的重要性。科学研究的不足，直接导致治理政策的有效性较低，且在制定、实施以及调整过程中缺乏合理的配套措施。

2）污染认知和政策制定滞后，防治策略失效

从治理政策的变迁历程可以发现，中国对城市大气污染的认知同政策制定与污染进程存在着严重时滞。以煤炭为主的能源结构和重工业优先的发展战略使得中国在工业化之初就产生了煤烟型大气污染，然而对城市大气污染的认识及综合治理政策的出台，却经历了很长的过程。

以 PM2.5 为例，从 1999 年开始，颗粒物逐渐成为影响城市空气质量的首要污染物，然而到了 2012 年，才将 PM2.5 纳入环境空气质量标准。空气质量标准作为空气监管、治理的首要依据，标准政策的滞后直接造成对新污染物管控的缺失。此外，防治策略的失效也成为当下大气环境治理的重要弊端。现阶段中国已进入多中心、广覆盖、跨国复合污染阶段，而原有的污染控制策略则是以最主要的一次污染物为对象的减排指标控制和行政属地管理模式。单项污染物排放和污染物造成的综合损害、减少的经济损失之间存在着复杂的非线性关系，将污染物减排和空气质量控制与经济发展割裂，从长期和整体而言，成本高昂且效果有限。政策制定的滞后和防治策略的偏差可能会导致大气污染治理政策的失效。

3）政策治理工具匮乏，市场工具运用不足

技术手段的运用被认为是解决跨界大气污染问题的一种强有力的手段，固定污染源、移动污染源排放控制技术和企业技术革新都是行之有效的方法。在中国，技术效应同样对促进工业废气减排、缓解大气污染具有最重要的作用。同时，因为大气污染综合治理的复杂度远超技术治理，还应考虑到经济发展、社会认知以及利益冲突等复杂的社会情境因素。应通过在科研院所设立专门的大气污染防治研究机构，吸纳技术科学、经济科学以及政策科学等方面的研究人员，构建针对大气污染治理的跨学科研究平台，进而以系统化思维从技术、城市规划、交通、能源、法制等多角度对大气污染问题进行综合研究，为大气污染治理提供理论支持。

最后，应加强研究机构与政府职能部门的信息沟通与合作，实现大气污染科学研究和政策设计的有效衔接，以提高政策制定的科学性，保证政策执行的技术可行性、社会可操作性，防止理论研究和政策实践的脱节。

（4）中国城市大气污染治理的突破

发达国家的历史经验表明，通过有效的公共政策激励，可以规制社会主体的行为，提升大气治理效果，从而实现由污染型增长到环保型可持续增长的转变。结合我国大气污染的变化以及政策变迁，通过对我国大气污染治理政策的问题分析，笔者认为可以从以下几个方面完善大气污染治理政策体系，从而突破城市大气污染治理困境。

1）加强对大气污染问题的研究，促进治理政策的科学化

大气污染的来源、构成和治理方案的制定是一个复杂的科学问题，治理政策的设计需要以对大气污染全方位的科学研究为基础。

通过科学研究加深对大气污染属性、特征、分类以及形成规律的认识，发挥科学技术在大气污染治理中的作用。

在这一阶段，科学发展观的理念为环保政策的制定提供了最重要的理论支撑，科学研究的开展则为城市大气污染防治提供了技术保障，重要城市区域大气污染防治行动的综合试点为更大范围的联合行动积累了实践经验。这些因素共同推动了中央和各级地方政府相继出台并完善大气污染防治的法律法规、管理办法以及规划方案，促使了更为成熟完善的综合防治阶段的到来。

2）完善市场机制，构建绿色发展政策体系

在技术手段之外，经济手段也是大气治理的有效方法。大气资源具有经济、生态、生命等多维价值，通过调整宏观经济政策和市场机制，可以实现大气资源保护的经济效益和社会效益的统一。

除了传统的环境税、处罚费等政策形式，应创新大气污染治理工具，充分发挥市场机制的激励引导作用，将大气资源作为一种市场要素，纳入到价格和经济体制中，以最大限度地创造和保护其价值。通过经济手段激发市场活力，一方面能够对企业等排污主体产生激励作用，矫正经济的负外部性，促使企业主体技术革新，淘汰高污染、低产出等粗放型发展方式，有利于整体产业结构升级；另一方面，能够引导社会观念的转型，提高公众和污染企业参与大气保护的行为动力，同时能够有效补充地方政府治理大气污染的经费开支缺口。

3）改革政府考核方式，完善政府约束和激励政策

现有的 GDP 考核机制加剧了区域间经济产出的竞争，忽视了大气资源的生态价值，甚至导致政策异变，因而需要对现行考核机制进行改革，创建更为全面和有效的激励机制。

首先，将大气质量等环境指标纳入对地方政府和领导干部的考核指标体系，完善对政府行为的激励和约束机制，激发地方政府在大气污染治理中的积极性。在一些污染严重的区域，探索建立以空气治理改善为核心的考核模式，扭转地方政府传统的发展观念，平衡经济发展和环境保护之间的张力。其次，创建垂直化大气管理体制，强化大气污染防治中的监管权与资源配置能力，提升科学规划和执行的能力，加强对个人和企业大气污染行为的环境执法，对执法不力、违法不究等行为严格追责。第三，中央政府授权、认可、支持地方政府在空气污染控制中的政策创新。

根据美国的空气治理经验，地方政府在统一环境标准下的政策创新往往能够有效

解决区域差异问题，也能够给中央政府提供经验支持，如美国联邦政府从加州经验中吸取了替代燃料、排放控制标准、鼓励拼车等成功做法。

4）突破属地治理的政策局限，加强区域合作治理

属地治理的行政体制明确了各地在大气污染治理的权责划分，但这种权责分割很难适应大气污染治理对跨域合作的需求。因而，要推行大气污染治理的跨域合作制度，在垂直管理的基础上，应进一步创建区域化的环境管理模式，建立专门的大气污染区域治理委员会，加强对大气污染治理相关部门和层级的职能整合，将多个区域通过信息技术治理平台连接起来，构建各地区在空气质量监测、信息发布、重点污染项目、机动车管制、大气污染危机应对方面的沟通，构建信息分享平台与一体化管理体系，指导和协调区域内部大气污染联合执法行动特别是要健全空气跨界治理的利益协调和补偿机制，以区域资源产权为核心，根据相关受益大小来弥合收益差异，进而有效解决大气污染治理过程中的集体行动困境难题，防止环境污染治理中的成本转嫁现象。

5）引入社会参与的力量，制定协同治理政策

在大气污染治理实践中，公众对环境的关注度越高的城市，空气污染的环境库兹涅茨曲线会越早跨越拐点，从而进入经济增长和环境改善双赢的发展阶段。

因而，社会公众成为大气污染治理政策制定和执行中应当考虑的重要因素，尤其是污染企业生产方式和移动交通污染主体行为方式的转变程度是治理空气污染的关键所在。多元协同治理和立体垂直治理相结合被认为是当前我国城市大气污染治理模式的最佳选择，有利于避免污染来源和管制方式的"双重扭曲"。

首先，应进行防治大气污染的宣传和教育，通过典型案例、科普向普通社会公众传播大气污染防治的科学知识，提高公众和企业的认知水平、责任意识和行动能力，促使公众在日常生活中改善行为方式和消费习惯，以低碳、绿色出行、公共交通、节约能源等方式参与大气保护。其次，企业要提升社会责任意识，以技术革新、产业升级等方式将生产过程的不经济内部化，增加对社区的补偿与回馈，参与社区环保计划。此外，大气污染治理政策应充分发挥社会组织在环境保护中的功能，构建起政府、市场以及社会组织多主体协同治理机制，利用社会组织的专业性和灵活性提升大气污染治理效果。

1.2.2.2 国外实践经验

大气污染不仅威胁着人类的身体健康，也造成了大量的经济损失以及气候变化等问题。历史上很多发达国家都曾发生过大规模的大气污染事件，如伦敦"烟雾事件"、美国光化学烟雾事件和"多诺拉事件"、日本"哮喘事件"。总体来看，大气污染事件的发生既有偶然性也有必然性，大气污染事件多是发生于极端气候条件或特定地理条件下，但又都是在工业化快速发展时期。这些大气污染问题引发严重的经济损失，并

导致大量的群体性发病和死亡事件。通过对一些发达国家大气污染治理实践的梳理和归纳（如图 1-10 所示），为中国大气污染治理提供借鉴和参考。

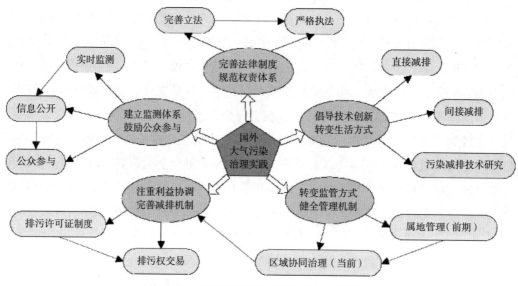

图 1-10　发达国家大气污染治理实践的梳理

（1）完善法律制度，规范权责体系

鉴于大气污染的严重性，英、美等国家针对大气污染物排放的来源针对性地制定了一系列政策法规。通过完善立法和严格执法，为大气污染治理提供依据和保障。美国在 1990 年对《空气清洁法》进行了一次根本性的调整，明确规定了空气质量标准与污染物清单，使该法成为全世界控制大气污染最具深远意义的法律之一。从立法历程来看，美国立法重心从早期主要针对大气污染排放的末端治理，逐步转为前段预防与中间转化。在执法方面，英国政府秉持"谁污染谁治理"的理念，采取第三方治理、污染企业付费的方式，从根本上杜绝了污染企业弄虚作假的可能。针对违法排污的处罚，英国不设罚款上限，对污染企业形成威慑。除此之外，国外大气污染治理过程中非常重视社会民众的参与。在立法过程中往往涉及社会利益的调整，通常会受到既得利益集团的反对。而在大气污染防治过程中，美国政府鼓励社会民众在环保立法和实施过程中参与，从而有效制衡既得利益集团。

（2）倡导技术创新，转变生活方式

技术减排是国外进行大气污染治理的一个重要举措，国外发达国家在治理大气污染、提升空气质量的历史进程中，无不倚重技术创新的手段实现污染减排这一目标。总体来看，国外技术创新对大气污染治理的贡献主要有直接减排与间接减排两种路径。一方面，面对大气污染排放严重的局面，英、美、日等发达国家组织科研力量针对大气污染的末端治理技术进行创新升级。美国针对交通尾气排放和燃料生产设定约束，如洛杉矶"车油共管"措施成功将臭氧浓度降低了 60% 以上。相比之下，英国还改善能源结构，从根本上减少化石燃料燃烧导致的大气污染物排放。另一方面，英、美等国家还采取技术进步的措施转变生产和生活方式。奥巴马政府和英国政府都倡导绿色发展，转变依赖石油煤炭的生产方式。除此外，开展污染减排技术的研究工作也是国外发达国家大气污染治理的一个有效手段。如在 2005-2008 年，澳大利亚政府资助 140 万澳元开展国家空气质量管理的研究工作，支持、鼓励相关政策和管理措施，以降低空气污染对人类身体健康的危害。

（3）改变监管方式，健全管理机制

梳理国外大气污染管理体制发现，早期大气环境管理多采用属地管理模式。由于大气污染的跨区域传输特性，大气污染的区域协同治理成为重中之重。美国为实现跨区域大气污染协同治理，合理分担成本，成立了区域防控协会，对区域间大气污染联合治理进行交流和协调。英国地方政府通过大量合作来开展对空气污染的整体治理，既包括政府部门之间的合作，也包括政府与社会团体的合作。与传统政府主导的治理模式有别，协同治理模式下，通过政府部门的引领，建立规范的沟通和参与平台，使得企业与公众能够影响政府决策。政府主导、公众参与是英国大气污染协同治理的显著特点。具体而言，政府是大气污染协同治理的主体支撑，通过引导与限制企业生产，依靠企业和社会解决大气问题，逐渐完成由治理向防治模式的转换。公众参与则是实现大气污染协同治理的重要手段，英国政府通过提高公众的环保意识及其对环境治理的关注与参与度，确保了所做决策的科学性和有效性。

（4）注重利益协调，完善减排机制

由于大气污染的流动性，邻界污染往往导致本地区的空气质量的下降。因此，跨国 / 地区大气环境合作治理成为各国 / 地区的共识。各国在实施跨区大气质量提升过程中，对区域之间的利益协调以及排污权市场交易机制建设等方面愈加重视。欧洲多国签署的《远距离跨界大气污染公约》，主要通过一系列基金的运作来增强区域内的公平性，实现大气质量的提升，仅在 10 年间使欧洲 SO_2 排放量下降了 50%，树立了控制和减少跨地区污染的典范。从大气污染减排的市场机制来看，排污许可证制度、排放权交易制度等市场机制逐步成为减排的重要手段。由于临界污染会影响本地区的大气环境，美国规定各州污染排放配额可积累或在市场自由交易。大气污染排污权交易机制是目前国外应用较为广泛的经济手段之一，该机制在考虑大气质量条件下，为企业进行成本最低的减排提供了新方法。鉴于美国实施该政策的显著效果，英、德、澳等国也陆续开始应用，并建立起各具特色的排污交易体系。总体来看，大气污染排放配额制与市场交易机制对污染减排起到了较好的效果。

（5）建立监测体系，鼓励公众参与

空气质量数据是进行大气质量污染程度评估的最根本保障，也是相关管理部门制定大气污染治理政策的决策基础。从国际实践经验来看，科学的空气质量监测体系历来是欧美等发达国家进行大气污染治理工作的首选措施。美国实时监测全国空气质量，通过官网发布平台向公众提供监测数据以及污染程度是否危害身体健康。英国处理发布实时空气质量数据和污染物浓度及每周趋势图，为公众提供详细的污染物的数值以及变化趋势。在大气环境信息公开制度层面，美国、法国等通过立法手段对大气质量信息发布制度、公开原则等都有明确的规定，要求对环保信息的公布渠道予以明确。信息公开制度不仅能规避和减少大气污染对人身健康的影响，还可以增加民众的环保意识，是公众参与监管的前提。此外，公众参与也是改善大气质量、促进大气污染治理的重要推进力量。公众可以通过向政府施压、宣传减排常识、向议会提交议案、进行科学研究与国际合作等方式，改变政府在空气污染治理上的不作为状况，从而推动大气污染治理工作的开展。

1.2.2.3　国外治理启示

改革开放40年以来，中国工业化、城市化进程迅速推进，区域经济实现了快速发展。与此同时，能源资源的大量消耗与生态环境的和谐发展也面临着诸多挑战，特别是基于当前经济高质量发展诉求的背景下，日趋严峻的空气污染严重影响公众健康及交通安全，大气环境污染治理迫在眉睫。国际大气污染治理经过长期的实践，无论在政策立法、治理模式还是市场减排机制建设等方面都积累了大量的宝贵经验。因此，根据我国发展诉求及其空气环境治理能力，借鉴大气污染治理的国际经验，有助于因地制宜、因时制宜提出针对性的分类治理政策。

（1）推进大气环境立法，完善顶层制度管理机制设计

大气污染来源具有时空差异，诸多国家针对不同区域不同发展阶段大气污染的差异进行针对性的立法管制。结合中国改革开放以来大气污染来源的时空差异，中国改善大气污染现状需要借助立法手段，并制定针对性的法律规制办法，实现大气污染法律规制的持续性、系统性与动态性。借鉴美国、英国等发达国家大气环境治理的经验，中国在推进大气环境立法过程中，一方面可以针对违法排污的处罚不设置上限，另一方面可以通过立法手段制定相关技术标准，从而在大气污染末端治理、预防和中转环节都实现法制化。除此之外，中国空气污染防治的顶层设计需要提供"治本之策"，兼顾不同地区污染成因、减排成本、减排能力等差异，充分依托区域内各省区市的资源、区位优势，统筹规划区域内各城市的功能定位，建立优势互补的产业布局，形成空气污染区域联合治理的合力。与此同时，坚持政府调控与市场调节并进、全面推进与重点突破共举、区域联合与属地管理结合也是必要之举，形成政府主导、企业施治、市

场调控、公众共同参与的空气污染防治新体系。

（2）灵活制定政策工具，健全污染减排市场交易机制

比较西方发达国家大气污染防治实践可知，不同国家由于大气污染来源及其发展阶段的国情差异，所采取的措施存在显著的区别。中国幅员辽阔，各地区在大气污染成因机理、治理能力、减排成本等方面都有很大的时空差异，一刀切的大气污染治理模式难以实现大气环境的有效治理。因此，各地区在减少大气污染的过程中，应根据自身的发展阶段、污染发生机制、地理地形条件、减排技术及减排成本承受能力，采取针对性的减排政策，且污染减排政策工具应根据不同阶段大气污染的形成原因灵活制定。大气环境治理仅仅依靠传统的行政手段难以持续，必须强化市场手段、运用经济杠杆。结合欧美发达国家大气污染减排市场机制建设的经验，如减排配额制、排污许可证制度、排放权交易等，都是有效的减排市场工具。中国可以针对"两高"行业进行大气环境资源有偿使用的试点工作，促进环境资源从无偿配置到市场化有偿获取的过渡。针对已有污染源，政府逐步提高排污标准，强制企业减少排污量。针对新、改、扩建项目，进行环境资源有偿获取一级市场交易，项目在进入环评阶段后可向市场购买排污权。除此之外，为鼓励企业参与和减少企业对排污市场建设的阻力，政府相关管理部门应发挥其主导作用及其公共服务职能。

（3）完善协同治理模式，落实区域减排成本分担政策

从改革开放以来大气污染管理体制变革趋势来看，属地管理模式难以解决区域性大气污染问题，跨区域合作治理成为必然选择。然而这一机制如何规避地方利益失衡，如何划分主体合作治理的权责关系，如何建立区域协同治理的政府间责任分担机制，关系到跨域协同治理规范合法的运行及有效监管。借鉴国外大气污染跨域合作治理的经验，中国大气污染的协同治理，既要打破地方主义的约束，又要合理配置资源，通过部门和地区间的协同合作实现大气污染的合作治理。

由于不同区域经济社会发展结构存在差异，导致区域大气污染减排的治理成本存在外部性、收益伴生性和分层异质性特征。针对大气污染区域协同治理问题，首先需要根据各地区对大气污染的"贡献"不同区分减排责任，建立有分别的责任承担原则，编制区域排放清单是厘清各区域减排责任的关键；其次，考虑到大气污染减排的区域公平性与可行性，尚需建立有区别的责任关系协调机制，而各地区发展诉求、减排技术储备、减排能力差异是其决定性因素。总体来看，地方政府间"责任共担、明确划分、成本分担"的核心机制是实现大气污染协同治理的必然选择。具体而言，要求域内各级政府/部门都具有大气污染减排的法定义务，并明确各自区域/部门的减排义务，进一步统筹考虑各地区大气环境容量、资源/区位优势、发展诉求、减排能力以及污染来源等因素，建立大气污染减排的成本分摊体系。

1.2.3 大气污染影响因素

城市大气环境污染来源主要有工业、农业、生活以及交通运输污染等，但对城市大气环境污染产生影响的因素也较多，主要有：（1）气候因素。在自然条件下，风、雨、云、雾、甚至是大气稳定度、特殊的逆温层等气象条件都会对城市上空中的大气污染的形成和扩散产生一定影响。（2）地理因素。大气流动会受到下垫面（如地形、地貌、海陆位置、城镇分布）等地理因素影响，这些特殊的地理因素会在小范围里引起空气的温度、风向、气压、风速等产生变化，也会间接影响城市大气污染的形成和扩散。（3）人为因素。主要指人类社会活动对街谷流场及污染物扩散产生的影响。该因素包括因车辆行驶产生的湍流对街谷流场的扰动，还有街谷设施，比如：绿化带、声屏障、栅栏等对街谷流场运动和污染物扩散的阻碍作用。（4）其他因素。污染源及物质性质和成分，例如排入大气中的废气化学成分、物理质量等；污染源的几何形状（如点、线、面源）和排放形式（瞬时、连续、地面、高架）等。此外，污染源强、源高也是影响大气污染物形成和扩散的重要因素。

1.2.3.1 气候因素

目前大气污染主要考虑大气边界层范围内影响。大气边界层是指离地球表面约 1 ~ 2 km 高度的低层大气。由于大气边界层受地球表面的影响最大，该层大气有着区别于上层自由大气显著不同的特征，例如各种气象要素（气温、湿度和风速等）日变化较大、垂直梯度较大等。大气边界层是人类的生活和生产活动主要场所。由人类活动带来污染物的排放、传输和转化大部分发生在该层，因此大气边界层的环境问题直接影响到人类的健康和生存。大气边界层同时也是地球各个圈层相互作用的关键区域。大气边界层的变化直接影响到地圈、水圈、冰雪圈和生物圈与大气圈的能量和物质交换过程，同时对天气和气候产生重要的影响。天气及气候模式中大气边界层物理过程参数化方案的改进是提高其模拟性能的关键科学问题之一，也是当前大气科学研究的基础前沿问题。由于全球变化研究包括气候异常、生态环境恶化、水资源短缺等问题以及可持续发展研究等的需要，大气边界层物理研究已成为大气科学研究的前沿学科之一。

大气边界层气象学是以湍流理论为基础的，在湍流理论有了一定的发展之后才得以有边界层气象学的产生。大气边界层的基础理论早在 20 世纪 50 年代末已经基本形成。到 20 世纪 70 年代末，对均匀下垫面大气边界层物理结构有了较全面的认识，大气边界层物理学开始作为气象学的一门相对独立的分支学科出现。目前，大气边界层领域主要围绕解决大气数值模式中边界层和地表通量参数化的问题上展开研究。

从世界人口状况来看，土地面积仅占全球 0.2% 的世界城市，却聚集高达全球 50% 以上的人口。Grimm 等的研究结果称，2000 年城市人口（平均）占全球人口 45%。到了 2007 年则已占到 50%，预期到 2030 年则将占到 60% 以上。人口增长与经济发展引起人们对城市气候的关注。20 世纪 70 年代末，学者们开始研究城市气候特征带来的两方面问题：一是，与城市大气湍流、能量和水分交换及平衡过程相关的城市气候过程；二是，城市环境和热力场，包括城市热岛这种最典型的人为活动改变气候的特征现象。近 20 多年来研究进展则分别显现在基础研究和大量的应用研究两个领域。

理论和基本原理的研究主要在于对城市气候学基础的认识和对观测事实的分析。基本原理方面的研究进展，包括城市大气环境、边界层结构与边界层气候研究，主要有：（1）城市空间非均一与城市气候基础事实的认识；（2）城市冠层（UCL）和城市边界层（UBL）的尺度差别；（3）粗糙子层特征，如尾流、建筑物特征尺度；（4）城市粗糙度参数 $Z0$ 和零平面位移高度 Zd；（5）大气湍流和能量与水分的平衡及交换。应用研究则主要集中在大气污染控制与防治、气候预测评价、城市规划和城市发展对气象环境影响评估、剧烈致灾天气气候或说城市灾害影响评估与事故应急决策、生态城市规划与建设以及城市热岛研究及其控制与防治研究等。

1985 年以来，国际城市气候协会（IAUC）每 4 年一届的国际城市气候会议（ICUC）及其主办的 NewsLetter（Urban-climate.Org）在城市气候的学术研究与应用领域起了很大推进作用。不断有学者就城市气候研究的各方面作了不少评述总结，早期的如 Oke 等的工作。Arnfield 就湍流和能量与水分交换以及城市热岛等城市气候研究作了比较全面的评述，强调指出这一时期在微气候学和边界层气候研究领域取得了许多概念性的、理性认识上的进展，如在尺度、不均匀性湍流通量的动力学源区以及由城市高耸建筑粗糙元造成的粗糙子层带来的复杂性等方面。Piringer 等基于 COST-715 专家会议有关观测试验和数值模拟研究的结果，对城市区域地面能量平衡的新认识和新进展，以及在中尺度模式中引入城市效应的参数化的近期成果作了全面的评述。评述还着重对试验计划实施的，在城市获取常规与非常规气象观测资料及其观测代表性导则方面的特殊性作了讨论，并提出了许多推荐意见。

1.2.3.2　地理因素

大气边界层内气流的形态和流动受到地理因素的影响。地球表面存在草地、湖泊和森林等不同下垫面；同时还存在平原、高原和盆地等不同地形特征。这些都将影响区域内气候发生变化，从而影响大气污染物变化。

中国科学院大气物理研究所对青藏高原以及草原、湖泊、海洋、沙漠等多种下垫面开展了大量的大气边界层观测研究。

（1）高原

青藏高原通过与大气间的能量和物质交换对亚洲地区的区域气候和全球大气环流产生重要影响。喜马拉雅山脉位于青藏高原南缘，平均海拔高度超过 6000 米，是世界海拔最高的山脉，地形极为多变复杂，研究发现喜马拉雅山脉东部地区的热量通量高于青藏高原东部和西部地区，但低于青藏高原中部和喜马拉雅山脉中部地区。

（2）草地

不同气候带的草原生态系统响应不同气象因子（如气温、水分条件和云量等）的敏感度上存在显著差异。LAPC 在东北半干旱区退化草地、内蒙古半干旱草原、湿润区高山草甸及半干旱的高寒草地等草原下垫面进行了多年的大气边界层观测实验。研究表明，地气间碳水通量的变化受到多因子的控制；不同控制因子的重要程度会随着气候带和下垫面植被类型而发生改变。日尺度上，光合有效辐射是生长季碳交换日变化尺度的主要控制因子，但这种相关性会在干旱年份降低。半干旱草原的实际蒸散和 CO_2 吸收都会受到土壤水分胁迫的抑制；而土壤水分条件在湿润区高山草甸的作用并不明显，湿季的蒸发比值随土壤湿度的变化很小。植被生长状况是草原生态系统（净碳交换速率）季节变化的主要影响因子，草地生态系统的碳通量变化与植被指数的季节变化特征密切相关。年际尺度上，半干旱地区退化草地的净碳吸收与降水量及其季节分配关系密切，尤其是生长季早期的干旱对净碳吸收的年总量影响较大；降水事件出现的次数越多，生态系统的净碳吸收越多。另一方面，丽江高山草甸 CO_2 通量交换的年际变化主要受到年平均气温和气温的季节变化的控制，例如，春季和秋季较低的气温均会缩短生长季的长度及净碳吸收的年总量。将实际蒸散分解为土壤蒸发和植被蒸腾被认为是理解气候敏感区生态系统如何响应全球气候变化的重要挑战之一。这是因为，半干旱区草原生态系统的变化可能不会造成实际蒸散的显著变化，但会改变植被蒸腾占实际蒸散的比例，进而影响土壤湿度和生态系统生产力。日尺度上，土壤湿度控制土壤蒸发植被蒸腾方式的不同导致受到土壤湿度的显著影响。月尺度上，与实际蒸散不同，植物蒸腾和实际蒸散之比并没有受到干旱事件的影响，其季节变化主要与植被生长状况（叶面积指数）相关。

（3）湖泊

湖泊生态系统是气候变化的一个重要指示器，在全球物质交换和能量循环过程中起着不可忽视的作用。随着全球和区域气候模式中网格尺度的精细化，湖泊的重要性变得不可忽视。夏季湖泊大气界面感热通量最大值出现在清晨，与湖气温差的出现时间一致；在白天湖面的有效能量主要分配为潜热通量；湖气温差和水汽压差分别是感热通量和潜热通量日变化的主要控制因子。

（4）海洋

对海气耦合边界层特性和浪花 - 飞沫进入大气层的机理研究，揭示了海上大风期间大气边界层底层的水平风速基本不随高度变化，垂直风速为正。陆面过程模式模拟的结果证明，阵风可将半径在 10 ~ 200 m 的飞沫传入大气。

（5）沙漠

沙漠占全球陆地面积 40% 左右，对区域水分收支和气候变化有重要影响。塔克拉玛干沙漠是全球面积最大沙漠之一，对地区和区域气候以及我国的季风环流 都有重要影响。土壤表观热扩散率与土壤热量传输和土壤孔隙对流的瞬时变化有关，大多通过一维的热量传输方程计算得到。基于塔克拉玛干沙漠 2011 年 1～10 月的观测资料，利用对流传输方程计算了该地区表观热扩散率的变化，结果表明该地区的表观热扩散率平均值在干季较小，湿季较高，其对土壤含水量的变化极为敏感。

1.2.3.3　人为因素

（1）车辆

1）影响方面

顾兆林等综合分析评述了城市街谷空气流动和污染物扩散的影响因素。作者指出，在弱风环境下，大气稳定度和车辆运动将很大程度影响街谷污染物浓度的分布。王占宇等利用三维数值模拟的方法模拟了车辆尾气在大气风速、环境温度、车辆运动等因素下的扩散规律。通过邓氏灰色关联理论计算发现，大气风速和车辆运动对污染物扩散的影响较大。王建长利用数值模拟的方法研究了城市街谷内，公交车道位置、机动车行驶、停放状态等因素对车辆尾气浓度扩散分布规律的影响。研究结果表明，虽然车辆行驶在一定程度上有利于街谷内污染物扩散，但效果有限。Sdazzo 等总结出了一种利用数值模拟方法，研究汽车尾气在外部风场和汽车行驶引起的湍流共同作用下的扩散规律，并利用实验数据对该方法进行了验证，证明了该方法的可行性。Kanda 等利用现场观测和数值模拟的方法研究了交通繁忙道路旁的空气流场和污染物扩散情况，结果表明，车辆行驶引起的湍流对污染物扩散的影响大于对空气流场的影响。

2）动态模拟方面

张强利用 CFD 数值分析方法，结合动网格技术，分别研究了机动车尾气在敞开和受限环境中，车辆怠速和行驶状态下的扩散规律。考虑了环境风速、建筑物高度对尾气中 CO 扩散的影响，获得了 CO 在特定环境下的扩散流动特性。田丰等利用 Fluent 模拟研究了车速、排气管出口温度和湍流动能对车辆尾气 CO_2 空间分布的影响，结果表明随着车速的增加，尾流区 CO_2 浓度变化加快，且在相同位置距离上的 CO_2 浓度越低。李宏刚利用动网格技术研究了单个车辆在匀速运动的情况下，尾气 NO_x 在近地面的扩散规律，结果表明，NO_x 在排放后并没有立即沿湍流向上层空间运动，而是在近似相同的高度上扩散开来。

3）车辆数量和类型

张云伟等通过对单个车辆在任意时刻对空气曳力的计算，提出一种用于模拟运动车辆引起的近地面空气湍流的欧拉 - 拉格朗日方法。运用该方法得到的结果表明，车辆运动对街谷内湍流影响明显，但对平均流场影响有限。作者还利用大涡模型模拟了城市街谷流场在车辆运动下的演化过程，并分析了车辆扰动下的湍流生成机理及分布规律。模拟结果表明行驶车辆会在车流上方产生与车流方向一致的流场，并且以车身周围局部子涡的形式影响街谷内部流场。Kanda 等利用风洞试验研究了单个轿车或小型卡车的尾气扩散情况，通过对尾流区污染物浓度场和流场的分析，发现轿车和卡车分别对污染物的沿水平和竖直方向的扩散有影响。然后，研究了车流情形下的尾气扩散规律，结果表明，尾流形态最主要受排放车辆本身类型的影响，而受后面车辆类型的影响较小。

Kastner-Klein 等利用风洞试验研究了有风和无风条件下，车辆行驶对汽车尾气扩散的影响，研究结果表明，单排车辆行驶与双排车辆行驶对汽车尾气扩散的影响具有明显的差异。Kim 等利用计算流体软件 Fluent 模拟了由多车同时行驶而引起的湍流动能，模拟结果表明，当车距大于车身长度时，由多车行驶导致的总湍流动能可以由每个车所引起的湍流动能叠加得到。

（2）街谷设施

在街谷设施因素中，绿化带对街谷内部流场和尾气扩散的研究占据主要的位置。绿化带的存在一方面会阻碍和干扰街谷内部污染物的扩散和空气的流动，另一方面，也对街谷内部空气起到净化和对污染物起到吸附作用。

1）绿化

空间结构方面。不仅叶片影响滞尘能力，树冠、枝干的形状、树种的搭配以及种植密度、空间结构也能影响滞尘效果。王翠萍等通过理论分析和现场测试的方法研究了城市街道空气质量与绿化的关系，指出街道绿化应该根据车流情况进行设计。夏子焱等从人行道中央和绿带内 2 个方面研究了冬季不同植物空间结构对道路污染物扩散的影响，通过对选择样地的实际测量得出结论：冬季无论是人行道中央还是绿带内，粉尘浓度和 CO_2 浓度由小到大的顺序依次为通透型＜半通透型＜紧密型。车生泉等利用数值模拟的方式，研究了不同街谷几何形态下绿化带对汽车尾气扩散的影响，并针对不同街谷几何提出了相应的绿化方案。

降低污染物方面。对于植物在绿化效果中所起到的作用，大量研究都集中在植物叶片上，叶片滞尘的主要方式是降尘随机落在叶子表面，或是吸附于叶表面上，或是被叶表面的特殊分泌物沾粘。人工的交通绿化带不仅能够美化城市，而且有助于改善道路空气环境。绿色植物通过吸收有害气体、吸滞粉尘、隔声降噪、降温增湿等环境生态效益来参与和改善城市的物质代谢和能量循环。近年来评价城市绿地的环境效益，以将有限的绿地发挥最大的环境生态功能，逐渐成为城市环境生态研究的热点。Janhson 综述了城市绿化污染物颗粒的扩散和沉降特性的影响，指出合理的城市绿化选择和设计对城市空气质量的改善十分重要。

2）声屏障

随着经济水平提高，车辆保有率上升，城市交通噪声日趋严重，并且出现向农村蔓延的迹象。噪声影响人们的正常工作，可能引发包括心脏、神经等方面的病症，为有效控制噪声引起的污染，通常采取设置降噪路面、限制鸣按喇叭等措施，其中也包括设置隔声屏障措施，即通过在街道两旁建造塑料板等建材的墙体或围墙等。

隔声屏障根据几何学的原理，声波在室外传播时，在声源与受声点之间设置不透声的降噪设施，阻断声波的直接传播，使得在接收位置的噪声值得以降低。目前对街道峡谷的研究主要采用实验测量、数值模拟及风洞实验等手段。

针对街道内的附属物，已有多位学者进行了研究。J. Gallagher 等采用大涡模型对有停车场的街道峡谷进行模拟，发现风向平行于街道峡谷时，停车场的存在能够减少人行道区域 33% 的污染物浓度。Baldauf R 等对隔声屏障的街道峡谷内污染物浓度进行了实地测量，发现在一定的风向下，隔声屏障的存在将增大街道峡谷内污染物浓度。Gromke 等利用多孔介质代替树木，通过实验和模拟研究了有树木存在时街道峡谷内的流场及污染物分布特征，分析了包括来流方向、孔隙度、来流速度等对污染物的影响。但以上研究缺乏探讨隔声屏障的高度、与建筑物之间的距离以及风速等因素对街谷内污染物及流场的影响。苏军伟等采用模拟分析隔声屏障对街道峡谷中污染物的分布及峰值的影响，探讨隔声屏障对街道内部流场的改变规律与无隔声屏障相比，隔声屏障的存在物理性阻隔了污染物扩散路径，提高了街道峡谷内污染物浓度峰值。街谷内污染物浓度的分布和峰值由风场、隔声屏障高度及与建筑物之间的距离共同决定。

1.2.3.4　其他因素

（1）高架桥

高架桥能够拓展城市道路空间，提高交通运输效率，但是会影响峡谷内微环境，使峡谷内颗粒物大量积聚，威胁行人身体健康，并对高架沿线建筑室内空气质量造成不利影响。

气态污染物方面，Hang 等利用 CFD 研究了二维街道峡谷中高架布局对 CO 日暴露的影响，发现高架桥在考虑地面排放源时只能降低人均 CO 吸入量。但在同时考虑地面和高架排放源的情况下，CO 的每日暴露量增加，人均吸入量基本保持不变。蒋德海等利用 CFD 软件模拟了不同高架桥覆盖下街道峡谷内 CO 浓度的分布，研究发现，高架桥越高越窄，街道峡谷内污染物浓度越低，但未就高架桥对颗粒物扩散的影响进行研究。颗粒污染物方面，许晓秦研究发现无论是 PM10、PM2.5 还是 PM1，有高架覆盖的人行道上行人呼吸高度的浓度均高于无高架覆盖的人行道。街谷内污染物浓度方面，张传福用 CFD 软件结合离散相（DPM）模型研究有高架覆盖的街道峡谷内颗粒物的扩散。结果表明高架桥会阻碍颗粒物的运输，街谷越深颗粒物浓度越高，且颗粒物在街道峡谷内停留时间越长。李志远利用CFD软件模拟了高架桥覆盖的街道峡谷内的可吸入颗粒物PM2.5和PM10的浓度分布，结果发现有高架桥覆盖的街道峡谷内可吸入颗粒物的最大浓度比无高架覆盖的情况下高出大约1.5倍。朱楚雄等应用CFD模拟了不同高架形式对峡谷内空气流场和污染物分布的影响。他认为高架桥的高度增加，街道峡谷内的空气流速将减小，不利于街道峡谷内污染物的扩散，因此污染物浓度升高。张颖慧使用标准k-ε湍流模型和离散相模型来探索典型的街道峡谷中高架桥的布局、街道布局和街道两侧建筑形态对颗粒物扩散的影响。研究发现，高架覆盖的街道峡谷中颗粒物的浓度比无高架覆盖时高，说明高架的存在会阻碍峡谷内颗粒物的扩散。Zhang在研究高架桥对街道峡谷中颗粒物的扩散的影响时发现，在等温条件下，细颗粒的分散性更好。李鹏飞等利用数值模拟技术比较无高架覆盖和有高架覆盖对街道峡谷内污染物浓度的影响，得出结论显示，高架覆盖的街道峡谷内颗粒物的浓度更高。

（2）污染源

污染源的几何形状、高度、源强等是大气污染治理调控的重要方面。

工业污染源方面。工业锅炉燃料燃烧过程排放的二氧化硫、氮氧化物、烟粉尘已成为中国大气煤烟型污染和复合型污染的重要诱因，其源强的核算对于大气污染防控、改善空气环境有着重要的意义。苏伟健等详细介绍了环境影响评价过程中工业锅炉废气基本参数的换算、现有锅炉大气污染物实测浓度的折算及新建锅炉大气污染物源强的核算方法，归纳了相关参数、排污系数，并对工业锅炉大气污染物源强核算研究的发展作出了展望。

城市污染源方面。城市污染源包含机动车尾气、炊事、设备使用。从20世纪起国内外学者对机动车尾气排放问题进行了系统研究，取得很好的研究成果。胡启洲等在研究车辆排放时空特性基础上，构建了排放强度函数模型，提出了车辆排放的综合测度模型。Agarwal等分析了不同速度下高速公路的车辆尾气排放问题。吴鹏等在构建车辆排放对大气污染的监测指标基础上，利用神经网络和模糊识别理论，提出了车辆排放的预测模型。Elkafoury等对"点（交叉口）"车辆排放时空特性进行了系统研究。Gori等对"点（单点控制交叉口）"研究了减少排队延误和尾气排放的优化信号配时方案问题。研究了"线（路段）"不停车收费路段，车辆排放对环境的污染问题。Anya等研究了"面（路网）"中的车辆排放对环境污染问题，主要利用车载尾气检测设备得到的实测数据来分析"点（交叉口）"和"线（路段）"的污染情况，并利用车辆排放测试法得到单车排放因子。由于车辆排放监测设备的测试费用较昂贵，且监测数据采集难度较大，目前国内外对机动车尾气排放监测、测试、监控和评估等领域的研究还处于探索性阶段。

第2章
城市街谷空间气候

随着城市化进程的快速发展，不但城市机动车保有量与日俱增，而且工业化发展迅猛，全球大气污染情况日益恶化。这一现象宏观上导致了气候变化，微观上造成建筑室内外空气污染问题，严重威胁到城市街谷空间中最小因子组团建筑空间中行人和两侧建筑物室内人员的健康问题。因此，想要提升或者控制组团建筑空间室内外空气品质，首先需要回顾大气污染现状及发展趋势，确立目标和方向，以期获得正确的研究方法。

2.1 城市气候与城市微气候

气候通常是城市所在地的自然气象条件，而城市建设过程中改变了原有的下垫面与自然地貌条件，使局地条件改变，产生了有别于自然气候的局部微气候。

2.1.1 气候

大气污染与气候因素相关。气象学包括大气物理学、天气学和气候学。气候与天气之间存在着时间和空间的区别。天气是指某一地区在某一瞬间或某一短时间内大气状态（如气温、湿度、压强等）和大气现象（如风、云、雾、降水等）的综合。气候学研究的对象是地球上的气候，主要指的是太阳辐射、大气环流、下垫面性质和人类活动在长时间相互作用下，在某一时段内大量天气过程的综合。世界气象组织（WMO）规定，用来统计气候变量平均值或变率的参考时期是30年，目前统一采用 1981～2010 年作为参考时期。气候的发展与演变，影响着全球范围内人文、政治和经济状况。气候在一定的时间和空间所组成的四维度空间中不断发生内部交换和融合作用，最终形成带有地方特色的气候。地域性特色建筑在地方气候的干预下形成并随着区域气候的变化而发展。印度 C·柯里亚就提出了"形式追随气候"的建筑设计概念。中国幅员辽阔，地形变化万千，气候复杂多变，导致中国传统建筑形式多样化。不同气候下存在不同的城市风貌。因此现代气候统计气候信号的检测需要不同尺度的正、负反馈作用，主要是估计随机动态系统的未来可能。

不管是大气污染还是空气污染，都是某一具体环境中的污染情况。对于城市来说，机动车尾气排放是主要污染物来源。但是城市老城区和郊区中的工业园区，其工业生产过程会产生大量有害污染物（包括气体、蒸汽、粉尘和固体悬浮颗粒等），尤其是在金属冶炼、焦化、化工、铸造等重工业行业中，广泛存在着大空间工业粉尘无组织排放的问题，产生的烟气中含有大量的余热和粉尘，会使设备磨损，产品质量降低，影响照明，降低劳动生产率，这些废气排入到大气中，不仅会对城市环境造成很大的破坏，还会严重危害人的身体健康。因此，有效降低工业有害物对室内外空气环境的影响和破坏，是当前急需解决的问题[4]。

2.1.2 城市气候

气候是由人类以及整个生命体所需的光照、水分、温度、气压、风、各类气体等不同的气象因素所构成的复杂的动态循环体系，它是城市环境的重要因素。悬浮颗粒物作为目前城市主要的大气污染物，其分布状况很大程度上受到气候条件的影响，城市气候对悬浮颗粒物的影响因素主要包括动力因素、热力因素、辐射与云。

（1）气象动力因素

城市的气候环境，首先取决于大气气候条件，受到城市的地理纬度、大气环流、地表、植被、水体等一系列自然因素的影响。此外城市的空间形态也对大气环境产生重要影响。如大气尘盖示意图所示悬浮颗粒物进入大气后，通过大气的输送、混合以及稀释作用达到污染物的扩散。而影响悬浮颗粒物扩散的动力因子主要是指风和湍流（图2-1）。

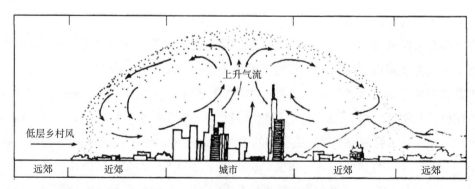

图2-1 城市大气尘盖示意图

1）风：风对污染物扩散的作用表现为整体的疏散作用，即污染物由风向决定迁移方向；对污染物的冲淡和稀释作用，主要取决于风速。

2）大气湍流：能够影响城市上空不同方向及不同空间尺度的无规则湍流运动的因素主要包含有大气的热力因素和近地面的机械因素。图 2-2 为大气湍流作用下的烟云扩散，由此可以看出伴随湍流的不同尺度大小，会产生不同的污染物扩散能力。

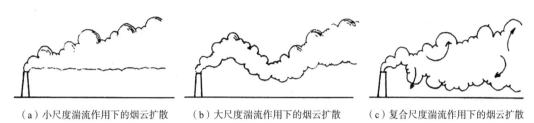

（a）小尺度湍流作用下的烟云扩散　　（b）大尺度湍流作用下的烟云扩散　　（c）复合尺度湍流作用下的烟云扩散

图 2-2　大气湍流作用下的烟云扩散

（2）气象热力因素

城市中悬浮颗粒物的气团对太阳辐射与吸收、气温的分布情况、大气稳定度等均产生了非常规性变化，而这些变化对烟流的扩散能力起到直接的影响。

1）大气的温度结构：通常湍流多取决于近地层的垂直温度分布情况，而在城市地表上空垂直方向的大气温度分布情况不尽相同，正常情况下，在对流层内，城市垂直温度随着高度增加而递减，空气受到温度结构的影响自下而上形成湍流在地面上空循环流动。常用的温度层结则是大气湍流的重要衡量指标，以此判断悬浮颗粒物扩散的情况。

2）逆温（针对对流层内）：由于城市污染的空气中含有大量悬浮颗粒物，这些颗粒物吸收、反射、散射太阳光，使上层空气温度升高，导致近地面受太阳辐射量减少，产生空气下沉、辐射冷却、空气热流流向地面等特殊现象，导致高层气温反而高于底层气温，产生逆温。逆温层类型主要分为接地逆温和上层逆温（图 2-3），逆温高

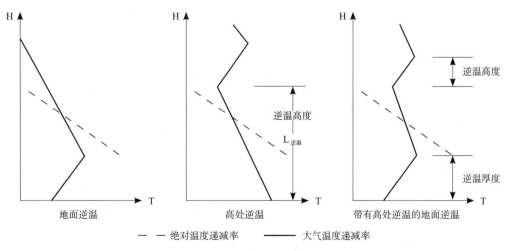

地面逆温　　　　　　高处逆温　　　　带有高处逆温的地面逆温

——— 绝对温度递减率　　　　—— 大气温度递减率

图 2-3　逆温层的类型

度与逆温厚度的特点也不尽相同。而逆温层的产生对城市而言,使地面上空气体高度稳定而无法循环运动,仅有少数的颗粒物受到重力影响下沉或吸附在建筑、植物的表面,悬浮颗粒物则在这样稳定的气团中长期存留无法扩散。

3)大气稳定度:大气的稳定度主要取决于气温垂直递减率与干绝热递减率的对比值。图2-4是大气稳定度的判断示意图,利用的是气团理论来讨论大气稳定度的问题,换言之就是在大气中假想割取出与外界绝对密闭的气团,根据其受外力作用产生垂直方向运动时,气团内外温度的差异来判定其稳定度。

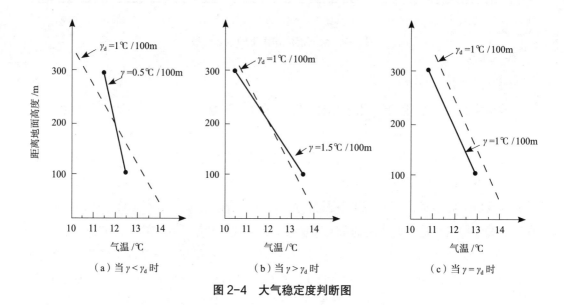

图2-4 大气稳定度判断图

（3）太阳辐射与云

太阳首先是地面和大气的主要能量来源,地面白天吸收,夜晚以长波辐射自身降温。云层对太阳辐射起到了反射和吸收的作用,这样在一定程度上减少了对地面的辐射量。在阴雨天时,云层对太阳的阻挡,使得地面辐射减少。同样,夜晚时地面向外辐射时也受到云层的阻碍,地面的温度则不会快速下降。因此云层的存在是能够减小热量以及减弱程度的重要影响因素,也是间接影响悬浮颗粒物扩散的气象因素之一。

（4）雾及能见度

城市往往比郊区出现雾天的几率要高,这种雾天多为湿雾。当城市近地面空气相对湿度接近饱和时,凝结核被水汽包裹从而凝结,形成的水滴半径通常在 7~15μm,这些水滴与城市的烟尘及悬浮颗粒物结合形成雾霾,而这种情况之下能见度一般在 1km 左右。其中能见度降低的原因主要是污染气体及颗粒物对光的吸收与散射产生的消光作用。

2.1.3　微气候

关于微气候，南兹博格认为，微气候主要指靠近地表边界层的一部分气候，它受地面的土壤、植物以及地形地势的影响。阿兰·米诺和罗博特·杰克则研究认为，所谓微气候，即小气候，也就是很小范围内的地方性区域气候，其温度、湿度等，在一定程度是可以人为调控的。上述研究中虽然对微气候概念表述不一，但相似之处有以下几点：

（1）微气候的"小尺度"特点。主要靠近地面边界层中，气候因素各指标变量会随城市有限的建成环境变化，尺度相对于区域整体的自然气象条件微小得多。

（2）微气候受城市下垫面、植被、建筑单体和建筑群布局的影响。在城市建成环境中这些影响因素是不均匀和粗糙的覆盖界面，这样的界面加剧了大气湍流过程，导致所有气象参量产生了高度的可变性。

（3）微气候是在有限区域内的气候状况。在城市局部的粗糙下垫面影响下，微气候的气象条件汇集在一个具有相当粗糙度的建成环境下改变，而这一局部的城市建成环境是相当有限的区域。

（4）微气候可调节可改善。通常微气候可以通过设备进行主动式调节（Active Condition）以及规划设计这类被动式调节（Passive Condition）进行人为的调节与改善，而主动式调节主要是针对室内环境的微气候改善，对于城市层面的微气候调节应采用合理科学的各类设计量化指标值。

（5）微气候存在着偏差。微气候中的气象因子温度、湿度、气流速度和热辐射等对悬浮颗粒物扩散的影响均是相互的，可以相互替代。某一条件的变化，可由另一条件的相应变化所补偿。这就造成了微气候的复杂性与多元化影响，因此在研究过程中应采用实测与模拟相结合的方式，提高研究结果的仿真性能。

综上所述，微气候是指在建筑单体四周的地面、屋面、墙面、窗台等各类室外特定有限的区域中，与建筑围护结构传热及空间形态相互影响的风环境、热环境、太阳辐射等气候条件，它是一种特定的局地气候。因此，微气候在小尺度的居住组团空间内，可以由居住组团空间规划的各个设计指标进行被动调控，营造合理的微气候条件，以此有助于悬浮颗粒物的稀释与排放。

2.1.4　气候与人为环境

气候是城市环境的重要因素，研究与了解城市气候的温度、风、降水、湿度、雾、太阳辐射等特点，对于研究合理城市规划布局来减低和缓解城市大气污染，创建生态型城市有着举足轻重的地位。城市的气候环境，首先取决于大气气候条件，受到城市的地理纬度、大气环流、地表、植被、水体等一系列自然因素的影响，是不可人为调控的自然气象。而城市微气候则是在人类的经济活动过程中反作用于自然的局地气候，这类气候的形成与人有直接关系，因此是基于自然气候的一种可以人为调控的气候条件。

城市微气候不仅受到地域气候作用，同时与城市空间形态及人类经济活动的结果都有密切的关联。城市人为环境与城市气候相互作用，人为活动也对城市气候产生重要影响。如图2-5的气候与人为环境相互作用的关系图中，可以看出气候作用于人类所生存的环境，人类应对自然采取的适应性措施创造了更宜于生活、生产的城市环境，而伴随着城市发展建设，城市的空间形态对大气环境产生重要影响。其中城市平滑且不透水的下垫面，缺乏水分以及植被，热量在城市表面直接进行对流作用并将热能上升传输到大气中，同时临近的空气温度也迅速变化，使城市覆盖在暖干盖之下，令城市局地产生不同于其地域的背景气候的微气候条件。在微气候的作用下，城市局地出现热岛、雾霾等多种异于自然气候的特殊气候。因此，通过对微气候特征的分析，合理预设居住组团空间的设计阈值，可以此缓解悬浮颗粒物对城市大气的污染。

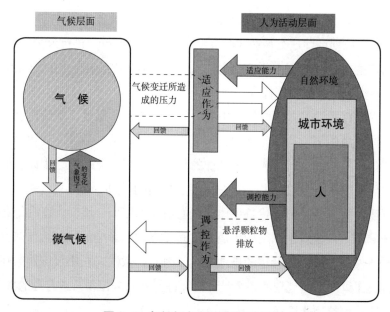

图 2-5 气候与人为环境的相互影响

2.1.5 我国的气候特征与气候区划

影响气候变化的主要因素在于地球表面所接受太阳辐射的分布差异、地球自转与公转所引起的大气环流，以及不同自然环境等，使得不同地域所呈现出气候特征也不尽相同。而空气湿度、温度、太阳辐射、风、降水以及冻土等都是气候的要素，也是影响建筑特性的重要因素。

2.1.5.1 气候特征

我国气候有三大特点：显著的季风特色、明显的大陆性气候和多样的气候类型。

显著的季风特色：我国绝大多数地区一年中风向发生着规律性的季节更替，这是由我国所处的地理位置主要是海陆配置所决定的。由于大陆和海洋热力特性的差异，在冬季严寒的亚洲内陆形成一个高气压区，东方和南方的海洋上相对成为一个低气压区，高气压区的空气要流向低气压区，就形成我国冬季多偏北和西北风；相反夏季大陆比海洋热，高温的大陆成为低气压区，凉爽的海洋成为高气压区，因此，我国夏季盛行从海洋吹向大陆的东南风或西南风。由于大陆来的风带来干燥气流，海洋来的风带来湿润气流，所以我国的降水多发生在偏南风盛行的 5 ~ 9 月。因此，我国的季风特色不仅反映在风向的转换上，也反映在干湿的变化上，形成冬冷夏热，冬干夏雨的特点。

明显的大陆性气候：由于陆地的热容量较海洋为小，所以当太阳辐射减弱或消失时，大陆比海洋容易降温，因此，大陆温差比海洋大，称之为大陆性。我国大陆性气候表现在与同纬度其他地区相比，冬季是温度最冷的国家，夏季则是温度最热的国家（沙漠除外）。

多样的气候类型：我国幅员辽阔，最北的漠河位于北纬 53° 以北，属寒温带，最南的南沙群岛位于北纬 3°，属热带。而且高山深谷、丘陵盆地众多，青藏高原海拔 4500 米以上的地区四季常冬，南海诸岛终年皆夏，云南中部四季如春，其余大部分地区四季分明。

2.1.5.2 气候区划

对一个国家、一个地区，按一定的标准，同时结合生产实际需要适当照顾自然区或行政区，将全国或某个区域按不同气候特征划分为若干小区，成为气候区划。对于错综复杂的气候条件，各国划分的标准与因素也各不相同。英国学者斯欧克莱在《建筑环境科学手册》中根据不同地区的空气温度、湿度和太阳辐射等因素，将地球上的地域大致分为湿热气候区、干热气候区、温和气候区和寒冷气候区。这是研究建筑与气候关系时最常用的分类法。但其缺点是比较感性和主观，也比较粗略，详见表 2-1 所示。

建筑气候分区		表 2-1
气候类型	气候特征及气候因素	建筑气候策略
湿热气候区	温度高，年均气温在 18℃ 以上，年较差小，年降雨量 ≥ 750mm，潮湿闷热，相对湿度 ≥ 80%，太阳辐射强烈，眩光	遮阳、自然通风降温、低热容的围护结构
干热气候区	太阳辐射强烈，眩光，温度高（20℃ ~ 40℃），年较差日较差大，降水稀少，空气干燥，湿度低，多风沙	最大限度地遮阳、厚重蓄热墙体增强热稳定性、利用水体调节微气候、内向型院落式格局

续表

气候类型	气候特征及气候因素	建筑气候策略
温和气候区	有明显的季节性温度变化（有较寒冷的冬季和较炎热的夏季），月平均气温的波动范围大，最冷月可低至 –15℃，最热月则可高达 25℃，气温的年变幅可从 –30℃到 37℃	夏季：遮阳、通风 冬季：保温
寒冷气候区	大部分时间月平均温度低于 15℃，日夜温差变化较大，寒风、严寒，雪荷载	最大限度地保温

　　我国建筑工程部在 1960 年第一次制定了《全国建筑气候分区初步区划》，1989 年中国建筑科学研究院与北京气象中心等又对该气候区划进行了修订，采用综合分析和主导因素相结合的原则把全国按两级区划标准进行了气候区划。在《建筑气候区划标准》（GB50178）中提出了建筑气候区划，它涉及的气候参数更多，适用范围更广。该标准以累年 1 月和 7 月的平均气温、7 月平均相对湿度作为主要指标，以年降水量、年日平均气温 ≤ 5℃ 和 ≥ 25℃ 的天数作为辅助指标，将全国划分为 7 个一级区，即Ⅰ、Ⅱ、Ⅲ、Ⅳ、Ⅴ、Ⅵ、Ⅶ区，在一级区内，又以 1 月、7 月平均气温、冻土性质、最大风速、年降水量等指标，划分成若干二级区。中国《民用建筑设计通则》（GB50352）沿用该分区标准，将中国划分为 7 个主气候区，20 个子气候区，并对各个子气候区的建筑设计提出了不同的要求。详见表 2-2 所示。

我国建筑气候区划标准　　　　　　　　　　　　　　表 2-2

分区	子区	气候主要指标	建筑基本要求
Ⅰ	Ⅰ A Ⅰ B Ⅰ C Ⅰ D	1 月平均气温 ≤ –10℃，7 月平均气温 ≤ 25℃，7 月平均相对湿度 ≥ 50%	1. 建筑物必须满足冬季保温、防寒、防冻等要求；2. Ⅰ A、Ⅰ B 区应防止冻土、积雪对建筑物的危害；3. Ⅰ B、Ⅰ C、Ⅰ D 区西部，建筑物应防冰雹、防风沙
Ⅱ	Ⅱ A Ⅱ B	1 月平均气温 –10 ~ 0℃，7 月平均气温 18 ~ 28℃	1. 建筑物应满足冬季保温、防寒、防冻等要求，夏季部分地区应兼顾防热；2. Ⅱ A 建筑物应防热、防潮、防暴风雨，沿海地区应防盐雾侵蚀
Ⅲ	Ⅲ A Ⅲ B Ⅲ C	1 月平均气温 0 ~ 10℃，7 月平均气温 25 ~ 30℃	1. 建筑物必须满足防热、遮阳、通风降温要求，冬季应兼顾防寒；2. 建筑物应防雨、防潮、防洪、防雷电；3. Ⅲ A 区应防台风、暴雨袭击及盐雾侵蚀
Ⅳ	Ⅳ A Ⅳ B	1 月平均气温 ≥ 10℃，7 月平均气温 25 ~ 29℃	1. 建筑物必须满足防热、遮阳、通风、防雨要求；2. 建筑物应防暴雨、防潮、防洪、防雷电；3. Ⅳ A 区应防台风暴雨袭击及盐雾侵蚀
Ⅴ	Ⅴ A Ⅴ B	1 月平均气温 0 ~ 13℃，7 月平均气温 18 ~ 25℃	1. 建筑物应满足防雨和通风要求；2. Ⅴ A 区建筑物应注意防寒，Ⅴ B 区建筑物应特别注意防雷电
Ⅵ	Ⅵ A Ⅵ B Ⅵ C	1 月平均气温 0 ~ –22℃，7 月平均气温 <18℃	建筑热工设计应符合严寒和寒冷地区相关要求
Ⅶ	Ⅶ A Ⅶ B Ⅶ C Ⅶ D	1 月平均气温 –5 ~ 20℃，7 月平均气温 ≥ 18℃，7 月平均相对湿度 <50%	建筑热工设计应符合严寒和寒冷地区相关要求

从建筑热工设计的角度出发，《民用建筑热工设计规范》（GB50176）将全国划分为 5 个分区，其目的在于使民用建筑的热工设计与地区气候相适应，保证室内基本热环境要求，符合国家节能方针。它用历年最冷月（1 月）和最热月（7 月）平均温度作为分区主要指标，累年日平均温度≤ 5℃和≥ 25℃的天数作为辅助指标，将我国划分为严寒地区、寒冷地区、夏热冬冷地区、夏热冬暖地区和温和地区 5 个建筑热工设计气候。5 个区的分区指标、气候特征和对建筑物基本要求如表 2-3 所示。建筑热工各分区的分区指标、气候特征以及对建筑的设计基本要求不尽相同，形成了各自有别的组团形态特征。

建筑热工设计分区及设计要求　　　　　　　　　　　　表 2-3

分区名称	分区指标		设计要求
	主要指标	辅助指标	
严寒地区	最冷月平均温度≤ -10℃	日平均温度≤ 5℃的天数≥ 145d	必须充分满足冬季保温要求，一般可不考虑夏季防热
寒冷地区	最冷月平均温度 0 ~ -10℃	日平均温度≤ 5℃的天数 90d ~ 145d	应满足冬季保温要求，部分地区兼顾夏季防热
夏热冬冷地区	最冷月平均温度 0 ~ 10℃，最热月平均温度 25 ~ 30℃	日平均温度≤ 5℃的天数 0 ~ 90d,≥ 25℃的天数 40 ~ 110d	必须满足夏季防热要求，适当兼顾冬季保温
夏热冬暖地区	最冷月平均温度 >10℃，最热月平均温度 25 ~ 30℃	日平均温度≥ 25℃的天数 100 ~ 200d	必须充分满足夏季防热要求，一般可不考虑冬季保温
温和地区	最冷月平均温度 0 ~ 13℃，最热月平均温度 18 ~ 25℃	日平均温度≤ 5℃的天 0 ~ 90d	部分地区考虑冬季保温，一般可不考虑夏季防热

2.2　城市街谷空间微气候

城市不断扩大其建设规模，以适应经济高速发展的需求。但也同时带来了无法回避的环境问题，以及与环境相关的健康问题。在土地集约化发展的今天，城市核心区路网稠密，建筑密度激增的同时，也带来了高能耗城市和高污染环境。城市人口膨胀带来交通（特别是城市汽车尾气的排放）需求增加，污染物在城市及其周边地区的时空变化是环境问题凸现的重要因素。虽然大型工业已经逐步迁移出城市，但城市之外的郊区，工业以更加迅猛的态势发展，更大的占地规模，更先进的工艺以及更高的产量，导致随着这些发展所带来的排放总量也持续增加。

以西安为例，据相关数据显示，每年新车挂牌递增上万辆，从 2004 年起至 2009 年，新增汽车数量分别为 52181 辆、57443 辆、77177 辆、85509 辆、96467 辆、144936 辆，并且西安汽车保有量分别为 313805 辆、364346 辆、428001 辆、507993 辆、595735 辆、754803 辆。其中，私家车的保有量从 2004 年的 22 万辆上升到 2009 年的 60 万辆。至

2010年12月,西安市的机动车保存量已达到116万辆,日挂牌新车为800辆至1000辆。与此同时,根据相关监测数据可知:城市中心道路内一氧化碳(CO)、碳氢化合物(HC)、氮氧化物(NOX)等污染物浓度呈逐年上升趋势,平均超过国家环境空气质量二级标准的1.03～4.16倍。严重的机动车尾气污染,对城市大气环境、生态环境和人体健康构成了巨大威胁。

大气污染对人类健康和气候变化有着一定的影响性。按照国际标准化组织(ISO)对大气污染的定义为:大气污染通常是指由于人类活动和自然过程引起某种物质进入大气中,呈现出足够的浓度,达到了足够的时间并因此而危害了人体的舒适、健康和福利或危害了环境的现象。一旦大气污染达到人类所能承受的极限,对人类的身心健康危害将难以预计。世界历史上多地都曾发生过大气污染案例。1930年比利时重要工业区马斯河谷烟雾事件是20世纪最早记录下的大气污染惨案。当时河谷上千人发生了呼吸道疾病,一周内死亡60多人。1952年英国伦敦烟雾事件造成1.2万人死亡,这是和平时期伦敦遭受的最大灾难,推动1956年通过了《英国洁净空气法案》。另外值得关注的是,当污染物中温室气体的排放量过大,城市热岛效应、全球气候变暖等等气候变化现象也将严重影响人类生存空间。因此,城市污染物问题的治理,不仅仅要从源头抓起,更重要的是清楚掌握污染物扩散规律。

2.2.1 城市微气候

20世纪中期,Landsburg指出微气候是地面边界层的气候,其温度和湿度受地面植被、土壤和地形影响。清华大学朱颖心认为微气候是指在建筑物周围地面上及屋面、墙面、窗台等特定地点的气温、湿度、压力、风速、阳光、辐射等。而作为人类聚集的活动场所——城市,由于下垫面的变化和人为热等因素深刻影响了局地气候,各城市形成了有别于郊区开阔无人地带的独特的城市微气候。

城市微气候的研究主要聚焦在以城市下垫面和大气之间的不断磨合和互相影响作用。对大气边界层的范围控制选择,才能在准确度和合理性上给予城市微气候预测或者说数值模拟的可能性提供基础。城市空间形态和城市微气候互相作用,互相影响。城市微气候形成多元的城市空间形态。城市空间形态改变了城市局地区域的下垫面特征,粗糙度的变化使得局地气候发生变化,反过来影响了城市微气候。本书中提到的城市微气候包含城市中心地带和城市郊区工业区地带及周边环境。拟从城市空间形态角度最小因子组团建筑空间形态着手,研究对城市微气候的影响。

城市微气候的环境特征主要是指热量、日照辐射、风矢量、能量等微气候因子在城市的建成环境中的变化过程与分布状态。基于微气候因子与建成环境标志特征之间的相互关系,总结在城市居住组团层面上微气候的影响因素特征。

伴随着城市经济发展需求，其规模不断扩大，人类高强度的建设活动与能源消耗改变了城市原有的气候状况，形成不同于地域气候的局地微气候。人类越来越频繁的建设活动使悬浮颗粒物对大气的污染强度增大，而微气候作为一种特殊局地气候对悬浮颗粒物扩散的影响也变得越来越突出，影响城市微气候的主要因素包括以下几个方面：

（1）局地温度：由于城市空间内受到被污染的大气、城市立体化下垫面以及城市市域绿地面积远小于郊区的影响，使得在城市的空间单元温度远比郊区的温度高。同时在城市空间近地层的温度，直接影响着空气热力湍流的流动。通过城市热岛的剖面示意图可以得出，城市不同区域中不同的下垫面使温度变化也各不相同，因此城市局地温度的改变，影响了局地微气候的气候条件，使城市近地空气层的温度比郊区近地层温度高，并时常伴随有热岛环流，而这种环流的存在使郊区工厂排放的污染物被吹向城市的市区及居住区，使市区的污染物浓度再次升高（图 2-6）。图 2-7 所示为日本的北海道旭日市，就是因为热岛效应的热岛环流，使市中心烟雾弥漫，浓度比无工业时高出 3 倍之多。

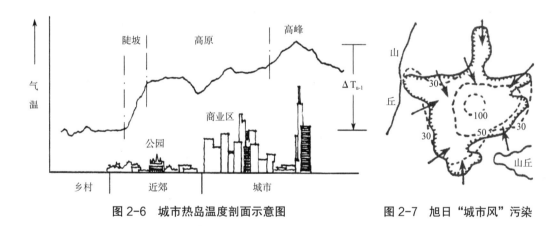

图 2-6　城市热岛温度剖面示意图　　　图 2-7　旭日"城市风"污染

（2）局地环流：城市化所引起的局部大气边界层的变化，会对低层气流和湍流特征产生显著的影响。在一定条件下，城市热岛效应会引起局地环流，而特殊的下垫面，具有较大的粗糙度，可以形成更加强烈的机械湍流和热力湍流。在城市的空间形态中高低不同的建筑对外来风起到阻碍作用，使得城市市域风速小于郊区，城市主导风减弱甚至于消散，而静风风频变大。通过城市热岛环流模式示意图 2-8，可以看出由于城市的热岛效应，在城市上空形成一股热岛环流。对于城市大气中的悬浮颗粒物，城市热岛起到一个主导消极作用，为雾霾的形成提供了边界条件及动力因素。

（3）湿度与降水：在城市居住组团中地面、绿地以及墙面，在降水过后会通过蒸腾作用将下垫面的降水转化为水蒸气，而目前居住区除绿地外多为硬质铺装，透水性差，

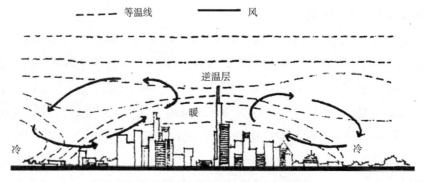

图 2-8 在晴朗夜间城市热岛环流模式

降落的雨水基本通过蒸腾进入空气，只有少量的雨水通过绿地下渗。这些空气中的水分在热岛效应的背景下，往往加大了城市的平均湿度与相对湿度，并使城市湿度远大于郊区，而城市中悬浮颗粒物污染较郊区严重，使城市中的空气聚集了大量的凝结核。加上居住组团的下垫面高度的粗糙度，冠层起伏较多，改变了自然光合作用的自然能量固化，使整个组团失去湿"呼吸"的能力，从而加大了固气两相显热交换的过程，换言之城市中居住组团空间内更易形成水滴与悬浮颗粒物混合作用而形成的雾霾现象。

（4）城市下垫面因素：空气流动通常受到下垫面的影响，在城市化的进程中，建筑物以及构筑物的大量增加以及城市建设不断向郊区扩展，使得下垫面从原有的草地、树林、农田、牧场、水塘等这些自然生态地面，转化为不透水的硬质铺装、建筑、金属材料等人工建造的地貌。由于这样的下垫面坚硬、密实、干燥、不透水，并且它们的形态、刚性、比热等这些物理特性均与原来的下垫面存在较大的差异，引起局地范围空气的气压、温度、风速、湍流的变化，而对污染物扩散所需风动力起到了间接影响。

2.2.2 城市微气候与建成环境

环境是物体或空间周围所存在的条件，而城市建成环境则是指在大型城市中为人类活动而提供的人造环境。从城市建成环境的基本构成图 2-9 中可以看出，城市建成环境包括建筑内部空间、城市外部空间以及城市灰空间，而城市外部空间包括开放空间与非开放空间，整体来讲是建成环境涵盖城市的各类空间，一个不均匀、粗糙的覆盖界面。居住组团空间包含建筑、道路、绿地、开阔空间或广场等各类空间，因此可以认为它是城市建成环境的微缩单元体。

对城市居住区的建成环境而言，影响微气候的主要因素为地貌和下垫面，如图 2-10所示，对城市而言自然地貌已经被高度人工化，城市的外部空间显然成为一个自然与人工复合界面。居住组团空间中也包含建筑、绿地、铺装和各类构物等因素，并以此构成复合下垫面，有较强的微气候效应，组团外部环境多处于城市市区，受自然山川、河

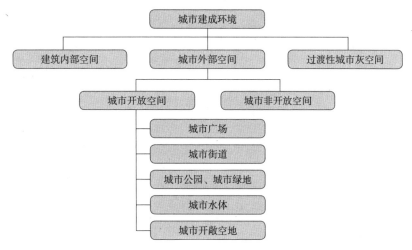

图 2-9　城市建成环境基本构成

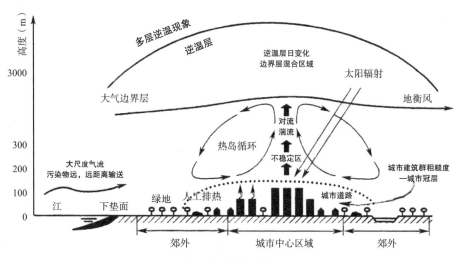

图 2-10　城市建成环境与微气候关系示意图

流等不稳定自然因素影响较小,因此研究该类型空间对悬浮颗粒物分布的调控性更明确。

　　建成环境中的居住组团空间周边的诸多因素都可以影响微气候的产生和发展,如表 2-4 所述。

微气候影响因子及建成环境标志特征　　　　　　　　　　表 2-4

相关因子	标志特征	对微气候的影响
表面类型		
岩石层	类型、颜色、导热率	蓄热以及延迟
土壤层	类型、结构、颜色、空气和水分子含量、导热率	蓄热以及延迟

续表

相关因子	标志特征	对微气候的影响
水体	表面面积、水体深度、水体流动情况	蓄热、潜热蒸发
植被	种类、高度、密度、颜色、季节变化	潜热
农田	开阔地、作物高度、种类与颜色、季节变化	潜热
建筑群落区	各物质材料机理、颜色、导热率、热、水、污染物	潜热
表面特征		
几何形状	平坦、起伏、冲切谷	—
能量供给	维度、海拔、地面遮蔽度、平面形式、坡面、坡向	—
受遮蔽情况	地形遮蔽、建筑物、树木遮蔽	直射辐射增温
地形粗糙度	所处区域、建筑物分布状况、平均高度、街道建筑群的方向、朝向、公园等开阔地的密度	散射辐射增温
反射率	覆盖物材料表面类型	辐射增温
放射能力	表面类型、最高温度、地面辐射能力	辐射增温

2.2.3 组团建筑小气候

城市微气候包括组团建筑小气候，其相对城市微气候的研究尺度要小很多。组团建筑小气候是指组团两侧建筑物及其建筑物所围合的空地上，屋面、墙面、窗台等地点的气候状态。所指的组团建筑小气候主要为围绕组团建筑室内外空间范围内各种气候参数或者说各种环境参数。组团建筑小气候是城市微气候中所形成的最小的空间形态内的环境特性。

微气候环境与城市组团设计有着重要的影响关联，Yoshinod 等对日本当地的气候维度进行分类，得到气候的环境因素通常包括温度、太阳辐射强度、风速、湿度等。如图 2-11 所示，微气候通过各类气候因素互相耦合来影响周边环境气候。温度在同等太阳辐射条件下，受下垫面粗糙程度的影响，下垫面粗糙度越大就越能促进风的流动和传热过程等。通过认识微气候因素与城市下垫面之间的交互原则，可以找到居住组团小气候环境的特征因素。

根据对微气候影响因素的研究分析，得出城市组团空间形态影响较大的微气候因素有：（1）空气流通，体现在建筑与建筑群布局对微气候的影响。（2）太阳辐射与生物降温，体现在绿化植被群落吸收热辐射的特性对微气候的改变，植被在阳光辐射强烈的夏季不仅可以通过蒸腾作用消耗大量的热能，树冠还可以增加太阳辐射的反射率，同时植物将太阳能转变为生物能，减少了城市空气层的波动范围。（3）遮蔽阳光效应，主要是指利用建筑、树木等实现对太阳照射的遮挡，以此减弱城市地表对太阳辐射的吸收，因此会在遮挡出现的阴影中产生降低环境温度的气候效果。（4）表面反射率和温度，体现在建筑表面材料的运用和景观铺装材料对微气候的温度影响。（5）蒸发与湿度，首先湿度是影响自然生态生成云、雨、雾等气候差异的重要因素，也是影响人体舒适度的重要因子，而这一项在城市组团中可以通过城市不同渗水率下垫面的蒸发，增减空气湿度，实现"被动式"降温。组团空间周边的诸多因素对微气候的产生和影响，如表 2-5 所述。

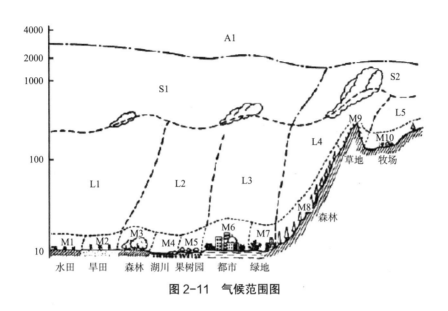

图 2-11　气候范围图

微气候影响因子及城市组团构成因素的标志特征　　　　表 2-5

相关因子	标志特征	对微气候的影响
空间形状	平面形式、立面形式	空气流通
绿地	绿化面积、树木种类	吸热降温、风速减缓
受遮蔽情况	建筑物、树木遮蔽	直射辐射增温
地形粗糙度	建筑物分布状况、平均高度、朝向、体量；空间开阔的程度	散射辐射增温
表面反射率	建筑、地面材质	辐射增温
下垫面蒸发	绿地、水体	吸热降温

2.3　街谷空间污染物扩散研究现状

污染物从排放源位置处开始发生的迁移扩散现象受到多样影响因素的制约，与污染源本身特性、气象条件、地面特征和周围地区建筑物分布等因素皆有密切关系。特别是与气象条件的关系更为密切，随着风向、风速、大气湍流运动、气温垂直分布及大气稳定度等气象因素的变化，污染物在大气中的扩散稀释情况千差万别，所造成的污染程度有很大不同。因此，为了有效地控制大气污染，除应采取各种综合防治措施外，还应充分利用大气对污染物的扩散和稀释能力。为了有效地控制城市微气候环境，在组团建筑空间内减少行人区域行人和室内常住人员的呼吸带即距地 1.5m 高度处污染物浓度对人类身体健康有着极大的积极意义，可以降低患上上呼吸道疾病的可能性。环顾近年来建筑室内外污染物扩散研究，发现研究多集中于室外向室内污染物扩散规律，但是研究室内和室外之间可能产生的污染物双向扩散规律较少。

自然通风对无强内热源和无强污染源的普通民用建筑室内热环境具有调节作用，主要是通过风压和热压两种方式。如果建筑室内本身存在污染源，甚至有可能该污染源同时还具有较强的热源，也就是说其表面温度远高于周围环境温度，从而产生较大的温度差，更复杂的是该建筑若还存在较大开口。则在这种自然通风形式下，室内污染物如何扩散迁移到室外，与室外空气混合；或者说与室外进入室内的污染物如何混合后迁移到室外，再进一步与室外污染物在室外进行混合扩散，这一双向动态迁移过程十分复杂，需要详细分析逐步疏理。

目前，国内外对于室内外污染物扩散规律的研究，主要分为三种情况。一种是以城市大气污染物为主要研究对象，从大气物理学的角度出发，在城市区域内或者城市片区内分析研究多污染源情况下预测和分析污染物扩散。一种是以街谷尺度内的污染物扩散，关注的是在不同的街谷形状因子和热力环流双重影响下，机动车尾气扩散规律。最后一种是在不同通风形式下，室内气流组织所扩散到室外的污染物和室外原有污染物之间的叠加后再扩散规律。

2.3.1　城市污染物扩散

在大气中污染物的扩散迁移过程主要依靠三维风场来完成。在开阔空地上，湍流三维方向上的扩散过程可以将大气中污染物稀释。但是城市下垫面的主要特征为干燥、高温以及粗糙，这改变了风场的来流流动方向和初始流态，从而加大了风场的复杂度。特别需要关注的是，在城区范围内时，尤其在城市核心区内的区域风速变小，气流变化不稳定且呈非线性发展，这从某种程度上有可能增强了大气污染物扩散速率。

另外，城市空气污染物还存在明显的日变化趋势。城市和乡村之间的温度差一般被称为热岛效应。晴朗的白天，在太阳辐射的作用下，城市和郊外的室外综合温度均明显升高。日落后，郊外的近地面层存在逆温层。日出后，这个逆温层消失。但是在城市中，由于热岛效应的存在，逆温层长期存在。逆温层的厚度往往与城市规模正相关。

城市污染物依据城市自身的发展、城市所处地理位置和城市经济结构等因素，形成了各不相同的种类和特点。我国城镇主要污染物种类和特点如表 2-6 所示。除燃煤外，工业和机动车的污染仍然是大气污染的主要构成。在城市中心城区或繁华地带的室外空气污染物主要是机动车尾气排放。城市机动车保有量的逐年递增导致城市街谷内大气环境恶劣。在工业园区，热加工车间等产生的污染物在无组织排放下扩散到室外空间中。

我国目前污染物特点　　　　　　　　　　　　　　　　　　　　表 2-6

项目 \ 时间	1980 年~ 1990 年	1990 年~ 2000 年	2000 年至今
主要污染源	燃煤、工业	燃煤、工业、扬尘	燃煤、工业、机动车、扬尘
主要污染物	TSP、PM10	TSP、PM10	PM10、PM2.5
主要控制措施	消烟除尘	消烟除尘、搬迁 / 关停 / 综合整治	脱硫除尘、工业污染治理、机动车治理、总量控制
主要大气颗粒物污染问题	煤烟	煤烟、颗粒物	煤烟、灰霾 / 细粒子
大气污染尺度	局地	局地 + 区域	区域 + 全球

综合来说，城市生活及城市建设中，大量不同方式的污染源分布在其内，而且特点各不相同，见表 2-7。一般根据不同的源类型采用不同的数学模型予以预测分析。

城市污染源模式模型　　　　　　　　　　　　　　　　　　　　表 2-7

污染源类型	常出现地点	数学模型	特点
孤立高架点源	火电厂等	烟气抬升公式	白天混合层对流活跃
孤立低矮工业烟囱	城市孤立烟囱	H_1 烟囱 /H_2 周边建筑 ≥ 2.5	
面源	居民、工业采暖	高斯烟羽模式	
流动源	机动车交通	面源或线源处理模式	

空气中存在气态物质和颗粒物。颗粒物是空气（连续相）中的物质粒子（分散相）、气溶胶物质粒子（分散相）和空气（连续相）组成的物质体系。表 2-8 中分析了不同粒径的颗粒物性质。

气态污染物除了本身就是对人类健康带来危害的原生污染物，还存在与其他气态物质之间发生化学反应产生的二次污染物（表 2-9）。城市污染物可以分为气溶胶态污染物和气体状态污染物。考虑到机动车尾气中 CO 比例大，且不易在一般光照等条件下发生化学反应，因此为了方便比较结果，主要研究气态污染物并以 CO 作为示踪气体。

大气扩散模式发展至今应用较多的包括加拿大 AMS 系统、英国 ADMS 系统和美国 Models.3 系统等。模式上包括基于高斯模式、拉格拉日法、欧拉法和嵌套四种模式。尹凤将多组分方程与气体扩散相结合，修正了气体污染物扩散方程，得到了气象因素大气相对湿度对气体污染物扩散影响的扩散模型。杨胜朋等在 RAMS 模式中引入了周期性日变化的人为热源和人工改变下垫面状况，初步模拟分析了人为热源和城市绿化对城市边界层结构的影响。王咏薇等采用典型代表性天气条件，以北京主城区及其东部发展带小城镇群的发展变化为例，设计计算算例进行数值模拟。指出城市建设在影响周边气象环境的同时，也改变了城市污染物的输送扩散能力。王伟武基于地统计方法，应用 GIS 空间数据相关分析和空间叠加方法，对城市总体污染物水平的分布特征做出了定量分析。

不同粒径颗粒物性质比较　　　　表 2-8

不同粒子	细粒子		粗粒子
	超细粒子	积聚模态粒子	
形成过程	燃烧高温过程和大气化学反应		较大固体或液滴的破碎
形成机理	结晶成核；浓缩；凝聚	浓缩；凝聚；粒子内部或表面上的气体反应；雾和云层水滴蒸发后，气体在其内溶解并发生反应	机械破坏（压碎、研磨和表面磨损）；飞沫的蒸发；尘埃悬浮；粒子内部或表面上的气体反应
物质组成	硫酸盐、元素碳、金属化合物、环境温度和极低饱和蒸汽压条件下的有机化合物	硫酸盐、硝酸盐、铵盐和氢离子，元素碳，多种有机化合物，Pb、Cd、V、Ni、Cu、Zn、Mn、Fe	悬浮的土壤和街道尘，无控制措施的煤、石油和木材燃烧中释放的飞灰，由 $HNO_3/HCL/SO_2$ 与粗粒子反应生成的硝酸盐/氯化物/硫酸盐；地壳元素（Si、Al、Ti、Fe）的氧化物；$CaCO_3$、$CaSO$、$NaCL$、海盐、花粉、霉菌、真菌孢子、动植物残骸碎片、轮胎车辆制动系统和路面摩擦
溶解性	很可能比积聚模态的溶解性差	多数可溶，具有吸湿性和溶解性	大多数不可溶、无吸湿性
来源	燃烧；SO_2 和一些有机化合物的大气转变；高温过程	煤、石油、汽油、柴油以及木材的燃烧；NO_x、SO_2 和有机化合物，包括生物有机物种在大气中转变后的产物；高温过程，熔炉、钢厂等	工业粉尘和土壤进入道路和街道之后的再悬浮；被扰动土壤的悬浮；施工和拆除工地；无控制措施的煤和石油燃烧；海洋飞沫；生物污染源
大气半衰期	几分钟到几小时	几天~几星期	几分钟~几小时
去除过程	成长为积聚模式扩散到雨滴	形成云层水滴直至江水或干化沉降	干沉降散落或由降雨清除
输送距离	小于 1km 到几十千米	几百千米到几千千米	小于 1km 到几十千米

二次颗粒物前体物排放源类的识别　　　　表 2-9

二次污染物	前体物	一次排放物	排放源
硫酸、硫酸盐	SO_3	SO_2	化工、电厂、炼油、炼焦、家用燃煤、集中供热锅炉、硫酸厂等
硝酸、硝酸盐	HNO_3、HNO_2、N_2O_5	H_2O、NO_x	化工、电厂、集中供热锅炉、机动车尾气、硝酸厂等
氯化物	CL^-	CL^-	海洋、化工、北方冬季融雪剂
铵盐	NH_3	H_2O、NH_3	化工、农田、海产养殖加工
二次有机碳	SOC	VOCs	电厂、植被、加油站、溶剂、涂料
光化学产物（PAN等）	NO_x、碳氢化合物、O_3	NO_x、碳氢化合物	交通、化工

2.3.2　街谷污染物扩散

针对街谷污染物扩散现象，国内外研究方法集中于外场实地观测、CFD 计算模拟分析和物理风洞测试分析。外场实地观测主要是为了通过大量的数据统计结果建立经验或者半经验模型，如 STREET、CPBM 和 OSPM 等模式。

周洪昌等根据城市街道 CO 浓度测试值分析 CO 空间分布对建筑空间布局结构的影响，提出 CO 浓度空间分布的不均匀性影响到如何确定污染模式的尺度和空间分辨率。Nielsen 等通过测试发现气流流动受非均匀街谷形态的影响。Venegas 等测试发现流场受不对称街谷形态比来流风速的影响明显。

从 1972 年 Deardorff 首次把大涡模拟（LES）应用于大气边界层，并提出 TKE 闭合模式应用于混合层大涡模拟研究。街谷扩散模型发展至今，其 CFD 计算模拟分析已可以耦合各种模型并扩展出多种不易于测试的工况来模拟出街谷内的流场和浓度场，但是需要选择出适用于不同工况的简化模型。B. Blocken 和 Y. Tominaga 概述了从 1990 年至 2013 年中 16 篇重点在于微尺度大气污染物扩散的 CFD 模拟方法的主要特点，详细介绍了各种模拟工况，并指出 CFD 模拟应该增加各种气体的化学反应、树木的空气动力影响和其他植物生长的影响。Ries 等通过 CFD 模拟发现有树木绿化的街谷内污染物浓度大于没有树木绿化的街谷。Zhang 等对形状因子为 2.7 的深街谷模拟发现，其内部存在一个主漩涡且风洞模型可能高估了深街谷内行人高度污染物浓度平均值。

I. D.Stewart 和 T. R. Oke 基于不同流场特征类型下的不同风速、风向夹角和系统风速研究对街谷内微气候环境以及污染的影响。J. A. VOOGT 和 T. R. Oke 关于在空间模型中提出外面面温度模型的控制方法。Hunter 根据不同的风速度和风向将街谷的研究变为三种不同的类型。顾兆林等针对街谷内空气流动与污染物扩散中，非均匀性特性和真实来流风场的研究，基于对街谷物理模型和边界条件的分析建立预报模式并提高数值模拟精度，从而提出城市粗糙层几何结构。

在街谷的污染物扩散研究中，王等提出了约束物概念即在街谷路两侧绿化以及建筑物，并引入约束物对于空气污染的阻滞作用。王宝民等对于城市冠层内大气扩散的问题采用详细模拟、数值模拟、外场观测以及物理模拟配合。柳靖博士以风洞研究入手，分析包含热浮力情况下二维污染物扩散对临街建筑室内环境产生的影响。

从城市街谷污染源角度研究，周洪昌根据在城市汽车排放物扩散运动的基本物理过程中，以 CO 浓度作为检测数据为依据，提出近场扩散过程的特殊性和主要参数。苗娟等对汽车尾气污染对人的安全健康提出评价，并对机动车尾气污染排放因子分析以及扩散规律进行了初步研究。宁对于机动车尾气在街谷中遇到不同风向作用时的扩散特点进行了数值分析，提出侧风强度对排气尾流影响会明显改变污染物扩散方向及浓度分布。外场观测与理论对比方面，J. Richmond-Bryant 在俄克拉荷马市采用与环境相关的健康影响上的流行病学来研究空气污染受到影响的不确定性，估计了相关环境空气污染的时空变异性，研究探讨了气象和浓度衰减数据。S. Zoras 研究了希腊一个临近工业区的中型城市，该城市建设在复杂多变的地形上，分析了其不同高程的街谷中污染物扩散的作用机理。Riccardo Paolinia 分析了街道中树木遮蔽效应对于街谷污染物扩散的影响。

2.3.3 室内外污染物扩散

室内外污染物扩散，在目前的国内外研究中主要有良好反应器模型、混合因子模式和质量平衡模式。

Anderson 于 1972 年总结过去的研究发现，各文献给出的室内外污染物浓度比值差异很大。钟珂在良好反应器模式上引入混合因子，获得室内外污染物关系的半经验模式。肖明星和耿世彬等利用几种不同的物理模型对室内外空气污染物的耦合关系进行了数学表达，分析了空气过滤器的空气净化原理，讨论了位于不同处理过程的过滤器对于提高室内空气品质（IAQ）的作用。Kopperud 等人采用两种质量平衡的方法，即室内外空气交换的质量平衡模型 IOM 和化学质量平衡模型 CBM，分别研究了住宅环境的颗粒物中，来自室外和室内源的部分所占的比例。Ryan 等人对西雅图 44 户家庭的室内外颗粒物浓度进行了长达 2 年的监测，通过建立非线性回归模型分析室外环境中的颗粒物对室内颗粒物浓度的影响，结果发现室内 PM2.5 中，来自室外环境的颗粒物所占比重高达 96%。王友君研究了鲁西南乡村建筑不同空间污染物浓度的相关性。以上海某典型办公室和人工气候室为研究对象，测量分析了不同类型通风房间的室内外颗粒物浓度相关性。张道方对上海城市两条交通主干道旁室内外 TSP、PM10、NO_2、苯、甲苯及二甲苯等空气污染物的浓度进行监测，分析室内外主要空气污染物及其室内外 I/O 比值，得出甲醛、CO_2、苯和二甲苯的 I/O 均大于 1，表明室内存在着这些污染物的污染源；TSP、PM10、NO_2 和 CO 的 I/O 均小于 1，表明室内污染物浓度在很大程度上受到室外的影响。文远高通过测量上海某校园内办公室和公寓建筑室内外颗粒物 PM10、PM2.5、PM1 的浓度，研究了室内外 PM10、PM2.5、PM1 的浓度及其室内外浓度比值（I/O）随时间变化的规律以及相关性。结果表明：对公寓和办公室而言，室外颗粒物是室内颗粒物的主要来源。在城市没有工业污染源的情况下，室内外颗粒物浓度都随时间变化而变化，并且变化趋势一致。颗粒物从室外向室内输运过程中，细颗粒物穿透能力强，I/O 比值随粒径的减少而增大。室内外颗粒物浓度密切相关，并且这种相关性随粒径的减少而增强。

室内外污染物如何传递和迁移，存在怎样的相关性，都与人们生产生活休戚相关。由于室内外污染物双向扩散问题所对应的影响因素复杂多样，解决问题方式也存在各种假设。比如室内外空气充分混合，室内外污染物互相之间不再发生化学反应等。同时这方面研究相对其他只考虑室外或者密闭空间室内污染物扩散，又或者是室外向室内的污染物迁移，而室内向室外的污染物扩散比较少见。

第3章
城市街谷空间室内外污染物扩散理论

城市街谷空间室内外污染物围绕室内外污染源项的有无、位置和强度发生不同的扩散变化规律，因此想要掌握该空间室内外污染物双向扩散，首先需要确定空间类型。本章拟依据不同的建筑类型和建筑功能划分建筑空间类型，通过自然对流传热传质分析，以期探寻出主要影响因素，考虑建立室内向室外扩散污染物的室内外污染物双向扩散数学模型，为实验和模拟方案提供必备的理论支撑。

3.1 组团建筑空间类型确定

3.1.1 传统街谷定义

城市室外空间包含通常意义上的街道峡谷（城区）和开阔性空间（郊区和工厂）。城市微气候领域多集中于研究街谷空间内污染物扩散问题。街道峡谷的概念由Nicholson于1975年提出，指的是狭窄街道与其两侧连续排布建筑形成的特殊大气边界层下垫面形式。街道峡谷的概念随后得到了延伸：街道峡谷是指城市中道路及周围的建筑形成的城市大气边界层下垫面中的狭长低谷。目前对于路面较宽或两侧建筑非连续排布的情况也认为属于街道峡谷的范畴。

根据不同方向上的几何尺寸划分为三种类型的街谷，一种是按照高宽比区分为理想街谷、深街谷和浅街谷；一种是按照长宽比分类为短街谷、中街谷和长街谷；还有一种是按照道路两侧建筑的高度比分成对称街谷和非对称街谷。对H/W≈1且壁面无较大开口的街道峡谷称为理想街道峡谷；H/W≈2的街道峡谷称为深街道峡谷；H/W<0.5称为浅街道峡谷。街道峡谷长宽比是街道峡谷长度L（一般指两个主要路口之间的距离）和街道峡谷宽度W的比值。L/W≈3称为短街道峡谷，L/W≈5称为中街道峡谷，L/W≈7称为长街道峡谷。在街谷中，因建筑分别布置于带状交通空间两侧，根据建筑的不同几何尺寸，所围合的街谷也分为对称型街谷以及非对称型街谷。对称型指的是带状交通空间两侧建筑高度类似；非对称型指的是带状交通空间两侧建筑高度存

在明显不同。

街谷中的视线空间因子（SVF）表示该地区接受太阳辐射的平面表面之间的比率。SVF 是无量纲值，范围从 0～1。当 SVF 为 1 时，表示该区域的天空完全可见，在街谷中若有大量种植，SVF 数值会随之减小。

针对街谷内污染物扩散分析，大气科学、空气动力学、城市微气候、建筑环境学和农林植物学等方面的专家学者均分别结合各专业特色从多角度多元化方面进行单因素单水平研究。例如：从街谷高宽比和长宽比这一类的几何特征方面，从风速、风向和温湿度等大气参数方面，以及从建筑布局形式和绿化搭配等环境因素方面进行研究。越来越多的研究表明：街谷内污染物扩散分析不但需要单因素单水平的研究方法，跨学科的多因素多水平的研究方法更是解决街谷内小气候控制问题的关键方法所在。

大气污染物扩散是大尺度环境范围研究，城市气候围绕中尺度环境范围研究。在 10km 至 100km 环境的中尺度范围内研究组团建筑空间相对来说计算区域过大、计算结果过于粗糙。对于人类赖以生存的室外空间来说，建筑旁室外空间或者说组团建筑小气候研究应当细化至小于 1km 范围内抑或几十米以内的微尺度计算域，这样才能详细针对复杂的影响因素提供小尺度的流场、温度场、湿度场和浓度场研究。只有采用合适的研究尺度，才可以更好地选择与之相匹配的计算模式与方法深入研究。

3.1.2　组团建筑空间类型

3.1.2.1　室外扩散模式

组团建筑室内外空间既包括中间空地，还包括空地两侧建筑物和建筑物室内空间。不同地域不同功能的组团建筑具有不同的组团建筑空间类型。城市热岛现象就充分说明城市中心区和城市郊区的气候差异。因此依据所处区域的差异性，相比传统街谷，按照不同的室内外源项特征，将组团建筑室外空间分为城市交通峡谷空间、生活型街谷空间和工业生产型街谷空间。城市交通峡谷内是指由于川流不息的车流，污染物以机动车尾气排放为主，辅以临街建筑可能存在的住宅建筑炊事污染物。生活型街谷空间一方面拥有人流攒动的步行道路，临街建筑为传统作坊的建筑形式的传统商业街区组团建筑空间；另一方面是人流量和车流量都远小于前两者的住区组团建筑空间。工业生产型街谷空间除了车水马龙的交通峡谷，还存有临街建筑为可能大量排放生产过程中出现的高浓度污染物的生产性建筑。

组团建筑空间类型多样，本章依照上述说明与分析，建立了组团建筑空间类型，详见图 3-1，为后续的研究奠定目标基础。

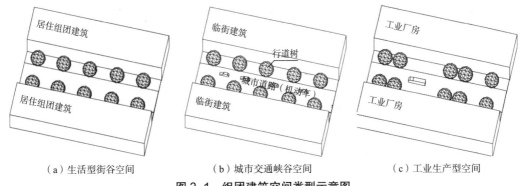

| （a）生活型街谷空间 | （b）城市交通峡谷空间 | （c）工业生产型空间 |

图 3-1　组团建筑空间类型示意图

3.1.2.2　窗口设计形式

窗户，在建筑学上是指屋顶或墙上建造的洞口，用以使空气或光线进入室内。窗户在很大程度上决定着我们生活的质量，作为建筑物的重要构件，同时也是联系室内外空气的重要通道，其对室内空气环境的影响作用不容忽视。现在，自然通风作为绿色环保的节能方式被大力提倡，应通过合理的设计手段减少设备的开启时长和开启频率，尽可能多地运用自然通风来改善室内环境。同时，由于居住者对室内居住环境要求逐渐提高，如何利用不同的窗户形式达到令居住者满意的通风效果变得极为重要。

在设计窗口时，需要综合考虑日照、采光、通风等多方面因素，根据地理条件和不同的建筑类型，确定合理的窗口设计形式。并按照相关规范，选取合理的窗口尺寸。由于不同地区的室外热环境和光环境以及经济发展状况、居民生活习惯的不同，各地常用的窗户设计形式、尺寸都有所差异，因此，总结研究各地区的窗户设计形式才能使后续的理论分析和模拟研究有的放矢。

（1）窗户的设计形式

窗户的种类很多，按其材料、造型、功能及位置分类如下：

1）按窗户材料分类：分为木窗、塑料窗、铝合金窗、玻璃窗、不锈钢窗、钢筋混凝土窗、玻璃钢窗等。

2）按窗户造型分类：分为百叶窗、平门窗、折叠窗、推拉窗、转窗，转窗分为上悬窗、下悬窗、中悬窗、立转窗。

3）按窗户功能分类：分为防火窗、保温窗、隔声窗等。

4）按窗户位置分类：分为侧窗（设置在内外墙上）、天窗。

通常窗的开启方式有以下几种：

1）平开窗

铰链与窗框相连，安装在窗扇一侧，向外向内水平开启，如图 3-2。平开窗分为单扇、双扇、多扇，有向内开与向外开之分。平开窗的特点：构造简单、开启灵活、制作维

图3-2　平开窗

修均方便，闭合时密封性好。平开窗是民用建筑中使用最广泛的窗。

2）固定窗

固定窗为无窗扇、不能开启的窗。固定窗的玻璃直接嵌固在窗框上，可以用来采光和眺望，但不能通风，如图3-3。固定窗的特点：构造简单、密封性好、多与门亮子和开启窗配合使用。

图3-3　固定窗

3）悬窗

悬窗是沿水平轴开启的窗。因转轴和铰链位置的不同，可分为上悬窗、中悬窗和下悬窗，如图3-4。

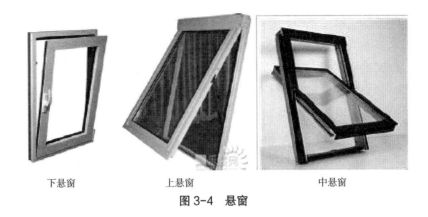

下悬窗　　　　　　　　上悬窗　　　　　　　　中悬窗

图 3-4　悬窗

上悬窗指的是铰链安装在窗扇的上边，一般向外打开，防雨好，多用作外门和门上的亮子。

下悬窗指铰链安装在窗扇的下边，一般向外开，通风较好，不防雨，不宜用作外窗，一般用在内门上的亮子。

中悬窗指在窗扇两边中部装水平转轴，开启时窗扇绕水平轴旋转，开启时窗扇上部向内，下部向外，对挡雨、通风均有利，并且开启易于机械化，故常用作大空间建筑的高侧窗，也可用于外窗或用于靠外廊的窗。

4）推拉窗

图 3-5　推拉窗

推拉窗依靠窗扇插入窗框上的滑道进行开启或者关闭（图 3-5）。推拉窗的特点：窗户开启面最大可达整扇窗户的 50%，并且不对室内空间造成侵占，窗受力效果较好，操作方便，占用室内外空间少，是一种较常见的开窗方式。但其密封性不是很好，容易进入灰尘和湿气，有较大的热损失，不方便清洗，玻璃外侧较难清洁。

（2）西安地区窗户形式的现状

目前，西安地区新建的办公高层建筑，考虑到外形美观、减少粉尘等污染物进入室内等因素，多采用固定窗，可开启的部分很少且多采用上悬窗。办公建筑主要使用空调系统，而不是使用窗口自然通风来达到通风换气的目的。

西安地区属寒冷地区，新建住宅建筑在设计窗口时，应满足寒冷地区窗口设计规范规定尺寸，同时，窗扇的设计也应注重保温性能，现在的新型住宅建筑窗户多采用双层玻璃和low-e玻璃。由于推拉窗不占据室内空间，且价格经济、开启灵活、美观大方、窗扇受力状况好、采光好且不易损坏的特点，目前，西安地区住宅建筑主要使用推拉窗。

（3）相关规范要求

1）窗口设计要求

根据《住宅设计规范》GB 50096-2011，为了满足室内环境中关于日照、天然采光、遮阳的要求，给出的窗户大小取值规定，内容如下：

需要获得冬季日照的居住空间的窗洞开口宽度不应小于0.6m。

卧室、起居室（厅）、厨房的采光窗洞口的窗地面积比不应低于1/7。

采光窗下沿离楼面或地面高度低于0.5m的窗洞口面积不计入采光面积内，窗洞口上沿距地面高度不宜低于2.0m。

卧室、起居室（厅）、明卫生间的直接自然通风开口面积不应小于该房间地板面积的1/20。

根据《陕西省绿色建筑评价标准实施细则》，对窗口有如下规定：

居住空间能自然通风，通风开口面积在夏热冬冷地区不小于该房间地板面积的8%，在严寒和寒冷地区不小于该房间面积的5%。

在评价中对居住建筑部分，节能与能源利用的一般项中要求窗墙面积比满足《民用建筑节能设计标准陕西省实施细则》DBJ24-8-97和《陕西省建筑节能设计导则（试行）》的要求，即建筑每个朝向的窗（包括透明幕墙）墙面积比除里面内部空间为通高大厅外均不应大于0.7，且建筑总窗墙面积比不应大于0.7。

《严寒和寒冷地区居住建筑节能设计标准》（JGJ26-2010）规定严寒和寒冷地区的居住建筑窗墙比不应大于表3-1规定的限制。

严寒和寒冷地区的居住建筑窗墙面积比限值　　　　　　　　　　表3-1

朝向	窗墙面积比	
	严寒地区	寒冷地区
北	0.25	0.3

续表

朝向	窗墙面积比	
	严寒地区	寒冷地区
东、西	0.3	0.35
南	0.45	0.5

注：敞开式阳台的下部不透明部分不计入窗户面积，上部透明部分要计入窗户面积。建筑朝向的范围：南指偏东 30° 到偏西 30°；东南、西南指南偏东或西 30° 到 60°；东、西指东、西偏南 30° 到偏北 30°；北指偏东 60° 到偏西 60°。

《西安市居住建筑节能设计标准》对窗墙面积比规定如表 3-2。

窗墙面积比对不同朝向的限值　　　　　　　　　表 3-2

朝向	窗墙面积比
南	≤ 0.5
东南、西南	≤ 0.4
东、西、北	≤ 0.3

注：对凸（飘）窗等异形窗面积计算时，按其展开面积计算；建筑朝向的范围：南指偏东 30° 到偏西 30°；东南、西南指南偏东或西 30° 到 60°；东、西指东、西偏南 30° 到偏北 30°；北指偏东 60° 到偏西 60°。

2）生产企业行业标准

《中华人民共和国建筑工业行业标准》（JG/T41-1999）对推拉不锈钢窗的规格做出如下规定：

推拉窗厚度基本尺寸系列：

推拉窗厚度基本尺寸按窗框厚度构造尺寸区别，其尺寸系列见表 3-3。表内未列出尺寸系列的推拉窗，在基本系列的 ±2mm 之内。

推拉窗厚度基本尺寸表　　　　　　　　　　表 3-3

推拉窗基本尺寸系列（mm）	60	65	70	75	80	85	90	95	100

推拉窗洞口尺寸系列：

确定推拉窗外形尺寸的主要依据是窗洞口尺寸，基本推拉窗洞口尺寸系列如表 3-4，窗与窗之间允许按表中规定的尺寸任意组合。

推拉窗常用尺寸表　　　　　　　　　　表 3-4

窗洞宽（mm）	600	900	1200	1400	1500	1600	1800	2100
窗洞高（mm）	900	1200	1500	1800	2100	2400	2700	3000

《中华人民共和国建筑工业行业标准》（JG/T122-2000）对建筑木窗的规格做出如下规定：

厚度规格：

窗框的厚度分为：70mm，90mm，105mm，125mm；

窗扇的厚度分为：35mm，40mm，50mm。

窗洞口的尺寸应符合 GB/T5824 的规定。

窗高符合窗口标志尺寸为：600mm，900mm，1200mm，1400mm，1500 mm，1600mm，1800mm，2100mm，2400mm，2700mm，3000mm，3600mm，4200mm，4800mm。

窗宽符合窗口标志尺寸为：600mm，900mm，1200mm，1500 mm，1800mm，2100mm，2400mm，2700mm，3000mm，3600mm，4200mm，4500mm，4800mm。

3.1.3 组团建筑空间流态

不同的室外空间内，气流组织的流态受到多种影响因素制约。当地主导风当风向与街道走向垂直时，街谷内的气流流态演变成三种形式。Oke 提出，街谷内背景风垂直于街谷轴线时，形成三种典型尾流场：孤立粗糙流（Isolated Roughness Flow，IRF）、尾流干扰流（Wake Interference Flow，WIF）、掠流（Skimming Flow，SF）。当街道高宽比 H/W<0.3 时，气流在绕过上游建筑物后，经过足够长的距离才到达下游建筑，这种情形主要出现在街道较宽而建筑物平均高度较低的城市边缘地带，局部流场可视为"孤立粗糙流"，如图 3-6（a）；当高宽比 H/W≈0.5 时，气流绕过上游建筑物到达下游

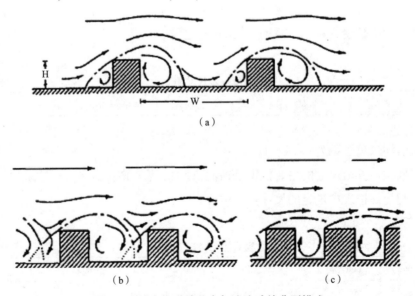

（a）

（b）　　　　　　　　　　　　　　　　　（c）

图 3-6　城市街道峡谷内气流流动的典型模式

建筑的距离较短，容易形成尾流干扰流，但还不足以在街道内形成较大的涡流，如图 3-6（b）；当高宽比 H/W ≥ 1 时，街道上空的掠流过程产生的剪切作用将导致街谷内生产很强的涡流如图 3-6（c）。街道高宽比进一步增大时（H/W ≥ 2），街谷内将形成二次涡流，这种二次涡流通常总是出现在街谷底部靠近建筑物的地方。因此，在上述不同形式的街道峡谷中污染物的扩散将具有不同的特点。

3.2　自然对流传热传质分析

自然对流的驱动力在当室外空间内存在热源、水源（水景和植物等水蒸气散发源）和污染源时，不同于一般所考虑的自然对流方式即只有风速所造成的风压驱动力。它还包括热浮升力、湿度浮升力和浓度浮升力。温度梯度、湿度梯度和污染物浓度梯度驱动下的自然对流影响到温度场、湿度场和浓度场三个场量的时间和空间变化。

室内外空间污染问题涉及影响因素多样且互相之间还存有复杂的耦合作用。目前为止，尚还没有一种模式可以被通用于各种地形条件下、各种建筑类型下、各种气象因素等等条件下的大气污染物扩散状况。室外空间污染物问题同样尚未出现一个可以完全通用的模式。

假设组团建筑室内外空间围合成一个封闭空间。在非平衡状态下，热力学力和热力学流在这个空间内互相作用。此时此空间内的热力学研究可以归结为热力学力和热力学流之间的平衡关系。耿文广基于不可逆过程热力学基本原理，研究在一个封闭二元体内多物理场中自然对流传热传质机理。与传统的传热传质理论不完全相同，例如在有温度梯度和浓度梯度同时存在时，除了通常由于温度梯度影响而发生的符合傅立叶定律（Fourier's law）的热传导之外，还有因浓度梯度而引起的热流，即杜伏尔效应（Dufour effect）或扩散附加热效应。当多组元流体中有温度梯度时，除了通常由于浓度梯度而引起的符合菲克定律（Fick's laws）的质扩散之外，还有因温度梯度引起的物质流，也称之为索瑞特效应（Soret effect）或热附加扩散效应，在这种不平衡过程中因相互干扰而存在着交叉耦合扩散效应（Cross coupled diffusive effect）。交叉耦合扩散效应与傅立叶效应和菲克扩散效应相比较，属于二级效应并且影响较小，然而这种二级效应往往在某些情况下不可忽略，尤其在某些特殊的领域有其独特的效用。因此对多梯度共存时传热传质现象的研究也成为近年来传热传质界的一个重要方向。

（1）认为所有的热源与污染源都分布在流场边界，流场内部不存在任何固体障碍物及源与汇；

（2）流动为非稳态、不可压缩、层流；

（3）空气与污染物气体充分混合，考虑热扩散效应和扩散热效应，不考虑化学反应；

（4）空气混合物的所有热物理性参数均视为常数，但密度随温度与浓度的变化遵循 Boussinesq 假设，即

$$\rho = \rho_0 [1 - \beta_T (T - T_0) - \beta_c (c - c_0) - \beta_H (h - h_0)] \qquad (3\text{-}1)$$

式中，β_T 为温度引起的体积膨胀系数，k^{-1}；β_c 为浓度差引起的体积膨胀系数，$m^3 \cdot kg^{-1}$；β_H 为湿度差引起的体积膨胀系数，$m^3 \cdot kg^{-1}$。依此说明，该二维空间内的气体体积膨胀系数是由温度差、浓度差、湿度差引起，并最终导致密度发生改变。

具体到室内外复杂的多物理场中，污染物的散发过程是其本身浓度梯度、温度梯度以及湿度梯度等多梯度多驱动力共同作用的结果。如前所述假设这是一个封闭的空间，在这个空间所研究的体系内，气体污染物和颗粒污染物的散发和传播受到三个热力学力的影响。因此组团建筑体系内多物理场耦合作用时污染物的散发及其扩散规律非常复杂，需要具体分析各参数梯度。

组团建筑空间中气象参数也就是风速、温度和湿度在自然对流传热传质现象中不断发生各种力之间的耦合关系，形成各参数梯度变化。此时，空间内各点气体污染物影响因素中的风速、温度和湿度是由各种原因综合作用下的综合环境参数。因此，气象因素或者更进一步说综合作用下的环境参数已成为组团建筑空间室内外污染物扩散的影响因素之一，需要在下一节中详细分析研究。

3.3 室外污染物扩散理论分析

城市室外污染物扩散是一项系统性、复杂性的科学问题，其影响因素既多元化，相互之间又存在耦合作用。想要掌握或者梳理各影响因素之间的关系，不仅需要通过污染物源项分析、气象预测分析和区域环境分析确定，而且需要结合热力学和动力学详尽分析。

3.3.1 大气污染扩散模式

城市室外污染源源项众多，按照源项的动态性可以分为固定源和移动源；按照源项距离地面的高度分为地面源和高架源；按照发散源项的几何特征分为点源、线源、面源和体源。不同源项形式下，大气污染物扩散计算模型也相应发生变化。但是不管模型的差异性多大，计算模型尚需根据具体污染物源项调整与修正得来。解决单源、双源和多源的室外污染物扩散问题，国家相关规范《环境影响评价技术导则　大气环

境》HJ 2.2 — 2008 中就曾提供了相应的估算与进一步预测模型。如：SCREEN3 模式、AERMOD 模式、ADMS 模式、CALPUFF 模式和大气环境防护距离计算模式。

（1）SCREEN3 模式

SCREEN3 估算模式是一种单源预测模式，既可计算点源、面源和体源等多种污染源形式的最大地面浓度，也可以计算某些特殊条件下（建筑物下洗和熏烟等）的最大地面浓度。SCREEN3 也适用于预测瞬时的或突然出现的污染源的地面浓度。值得注意的是模式中还含有最不利的气象条件，可以用来预测极端天气条件下的地面浓度。缺点是此模式可能高估了地面浓度，预测值偏大。

（2）AERMOD 模式

AERMOD 适用于定场的烟羽模型，由三个模块组成一个系统。如 AERMOD（AERMIC 扩散模型）、AERMAP（AERMOD 地形预处理）和 AERMET（AERMOD 气象预处理）。AERMOD 内设特殊功能可以考虑处理非均匀的垂直面上的边界层、不规则形状的面源、对流层的三维烟羽模型、在稳定边界层中垂直混合的局限性和对地面反射、在复杂地形上的扩散和建筑物下洗等多种情况。

AERMET——AERMOD 的气象预处理模型，考虑到逐小时云量、气象观测资料和探空资料的因素，可以输出在垂直方向上的某些大气参数和气象观测数据。

AERMAP——AERMOD 的地形预处理模型，适用于山地或者临山城市。其考虑到计算点的地形高度并可计算出相应地形的二维和三维方向上的详细参数数据。

（3）ADMS 模式

ADMS 模式是基于高斯模型的三维模式来计算污染浓度，但在非稳定条件下的垂直扩散使用了倾斜式的高斯模型。烟羽扩散的计算使用了当地边界层的参数，化学模块中使用了远处传输的轨迹模型和箱式模型。可模拟计算点源、面源、线源和体源，模式考虑了建筑物、复杂地形、湿沉降、重力沉降和干沉降以及化学反应、烟气抬升、喷射和定向排放等影响，可计算各取值时段的浓度值，并有气象预处理程序。

（4）CALPUFF 模式

多层、多种非定场烟团扩散模型，模拟在时空变化的气象条件下对污染物输送、转化和清除的影响。CALPUFF 适用于几十至几百公里范围的评价。它包括计算次层网格区域的影响（如地形的影响）和长距离输送的影响（如由于干湿沉降导致的污染物清除、化学转变和颗粒物浓度对能见度的影响）。

（5）大气环境防护距离计算模式

当工业建筑中无组织排放或因捕集效率不高导致的有害气体浓度超过规范规定的标准限值时，就需要设置大气环境防护距离，以保证居住区居民的身体健康。无组织排放源指的是凡不通过排气筒或通过 15m 高度以下排气筒的有害气体排放。在估算模式基础上开发的大气环境防护距离计算模式，主要应用于确定如前述及的情况下，居住区与工业园区内排放污染物的工业建筑之间的大气环境防护距离。

3.3.2 机动车尾气排放污染物扩散模式

对机动车尾气排放污染源的模拟早在 20 世纪 60 年代末就开展了。当时主要用来对城市道路和高速公路等附近上空的污染物扩散进行预测和分析。

Johnson 等以街道峡谷内的现场监测数据为基础，提出了 SRI 模式（Stanford Research Institute）。其基本原理是：把街谷内某一高度的谷间视为一个箱体，并假设污染物在垂直方向均匀分布，通过数据拟合得到预测污染物浓度的经验公式。对于二维街道峡谷，当屋顶风向与街道走向垂直时，街谷内的气流会形成漩涡环流，街道峡谷的地面风向与建筑物屋顶风向相反，污染物被输送于相对屋顶风向的上风侧，导致上风侧污染物浓度高于下风侧。

Nicholson 开发的箱式扩散模式，是以峡谷内平均上升气流的函数给出的，这个模式基于街道峡谷内的污染物质量守恒来求污染物浓度。通过输入箱下边界的风速、风向和污染物总排放量，以预测街道峡谷内污染物体积平均浓度。模式假设建筑物和街道上方的风速符合对数风速廓线分布律，并利用连续方程预测涡流速度。当风向平行于街道时，通过假设峡谷内风速符合指数律风速廓线来预测风速。

Yamartino 对街道峡谷中流动和湍流的简单模式进行了讨论，并将这些流动和湍流模型输入一个复杂的街道峡谷扩散模型中，称为 CPBM 模型（Canyon-Plume-Box）。这个模式含有箱模式和高斯型模式的特征。当峡谷内无涡流流动时，假设烟羽沿峡谷方向移动，于是对于每一个交通车道的污染物扩散，通过对高斯烟流方程沿峡谷长度进行数值积分求污染物浓度；当峡谷内存在涡流时，将高斯烟羽模式的概念与因涡流致使反复循环的污染物箱式的概念相结合便得到该模式，当然这还是一个半经验模式。此外，这个模式虽然考虑了清洁空气侵入和夹卷引起下风侧浓度的不均匀性，并允许交通十字路口的出现，但需要根据现场监测数据得到城市街道峡谷内气流和湍流的简单模式，然后作为 CPBM 模式的输入条件。因此，模型的验证很大程度上依赖于实地监测数据和理想的二维模型的风洞实验研究和其他理想街谷的边界层风洞研究。

以上模式都需要知道室外污染源排放浓度。这一源项通常按照线源或者面源作为计算模型的输入项。源项的正确选择计算方法关系到室内外污染计算的准确性。线源道路指城市主干路、高速路、环形路。可分为有障碍道路和无障碍道路。有障碍道路指有红绿灯、平面交叉路口的城市主干路。无障碍道路指城市中的高速路、环形路。面源道路指城市中除线源道路以外的其他道路。移动源强计算公式如下：

（1）移动线源源强计算公式：

$$Q_{ijw} = q_{ji} \times l_i \times Ef_{jw}$$
$$Q_{jw} = \sum_{i=1}^{n} Q_{ijw}$$

（3-2）

式中：

Q_{ijw}——某条线源道路，第 i 段路上 j 类型车 w 种污染物排放源强，g/h；

Q_{jw}——某条线源道路，j 类型车 w 种污染物排放源强，g/h；

q_{ij}——j 类型车在第 i 段路上的车流量，辆/h；

l_i——第 i 段路长，km；

n——某条线源道路上划分的总段数；

Ef_{jw}——j 类型车 w 种污染物的排放因子，g/（km·辆）。

依据上述公式计算控制区内各条线源源强，g/h。

（2）交通面源源强计算公式：

$$Q_{ijw} = q_{ji} \times l_i \times Ef_{jw}$$

（3-3）

式中：

Q_{jw}——移动面源分摊到第 i 个网格上，j 类型车 w 种污染物的排放源强，g/h；

q_{ij}——j 类型车在网格 i 内道路上的平均车流量，辆/h；

l_i——网格 i 内道路的长度，km；

Ef_{jw}——j 类型车 w 种污染物的排放因子，g/（km·辆）。

依据上述公式计算出网格 i 内，机动车的排放源强，g/h。从而得到整个控制区内分摊到各个网格内的移动面源源强。

综如上述公式，道路车流量、车型、道路长度、污染物种类和排放因子成为计算室外机动车排放源强的基础数据，并间接成为街谷内污染物浓度的贡献因子。同时，前述大气污染扩散模式适合气象研究和环保工作使用，但是其操作方式尚需要具备一定的大气污染相关知识，对规划设计人员来说，比较复杂。

3.4　室内外污染物扩散机理及数学模型

3.4.1　室内外污染物扩散模式

室内空气品质（IAQ）一直以来都是各学科在设计方案之初就需要考虑控制的问题，其有效提升会带来能耗和热舒适问题如何获得双赢的解决途径。自 20 世纪 60 年代末开始，荷兰的 Biersteker 等人首先做了关于 I/O（Relationship Between Indoor and Outdoor Air Quality）的研究。

（1）良好混合反应器模式（污染源稳定工况）

良好反应器模式主要是针对气态污染物从室外传递向室内的计算方法。Shair 等人在 20 世纪 70 年代初给出了一个室内气态污染物浓度变化的模型，称为良好混合化学反应器模型。这个模型考虑了在室内发生某些形式的化学反应的可能，对于这种系统，污染物质量守恒可用下述方程来表述：

$$V\frac{\mathrm{d}C_i}{\mathrm{d}t} = q_0 C_0 (1-F_0) + q_1 C_i (1-F_1) + q_2 C_0 - (q_0+q_1+q_2) C_i + s - R \qquad (3\text{-}4)$$

式中：

V——房间有效体积，m^3；

q_0——过滤器流率，m^3/s；

q_1——循环风流率，m^3/s；

q_2——室外渗入的空气流率，m^3/s；

C_0、C_i——分别为室内及室外有害物浓度，g/m^3；

s 和 R——分别为内部污染源有害物的生成和消失速率，g/s；

$F_0 = (C_i - C_0)/C_i$，同理可以定义 F_1。

该模式对室外有害物的描述难以获得确定数值解。有研究者认为，可以将室外有害物浓度表为线性函数。但是当环境有害物浓度既不能表示为三角函数，又不能写为线性函数时，如何求解仍然需要解决。吉沢晋也曾提出过一个气、固态污染物浓度预测模型，但忽略了所有化学反应，应用中也必须事先确定浓度变化规律。想要改进这一方法需要利用实际观测所得的关联式来确定浓度函数。

（2）混合因子模式（污染源不稳定工况）

通风系统设计方法中假定进入的空气与室内原本空气在瞬间完成混合。实际生产生活过程中两者会经过交互而最终融合达至平衡的过程时间，表征这个时间的物理量混合因子 m 被引入考量。此模式改善了假设室内污染物散发速度为常量的问题，忽视了室外污染源源强和散发速率等相关问题。混合因子模式是基于工厂通风提出的，在非稳态效应下可以求得显式解，但是未考虑衰减等特征。

（3）质量平衡模式（颗粒物工况）

Dockery 等人提出了针对室内颗粒污染物扩散的预测模式为质量平衡模式。质量平衡模式因为考虑到室内污染物衰减因素，包括了沉积、转化和发生化学反应等。质量平衡模式适用于自然通风工况下，存在烟雾污染源同时具有亚硫酸粒子的聚合效应、转化效应和沉积效应，并通过实验实时观测得以可代入方程中的经验性参数的情况，但有研究表明该种模式通用性不强。

3.4.2　室内外污染物扩散理论分析

3.4.2.1　室内源项状态

室内污染源稳定与否是向室外传递污染物规律的重要条件。稳定的室内污染源不随时间变化而发生变化，影响污染物分布的主要因素集中于环境参数、建筑空间布局。同时室内污染源排放强度是否高于室外污染物浓度是室内外是否会发生扩散的关键。当然，室内污染源稳定且排放浓度恒定大于室外污染物浓度这种情况下，室内污染物会向室外传递，从而影响室外污染物浓度的扩散。室内污染源稳定且排放浓度恒定小于室外污染物浓度的情况下，室外污染物会发生向室内输送和混合的过程。本书主要研究这两种情况下，室内外污染物的双向扩散问题。

室内向室外输送污染物浓度的具体数值，首先需要根据源项确定模式，其次需要确认关心区域内是否存在其他的热源和水源。最后需要根据建筑空间的情况确定边界条件。如果室内是散热器方式供暖，靠内墙一侧暖气片的位置处看作是面源发散热量，从此面形成热羽流卷吸周围空气和污染物，导致建筑室内温度冷热不均且污染物浓度呈现不均匀分布。如果室内是地辐射供暖方式，则会在地板上部空气中出现热羽流，建筑室内温度分布和浓度分布较前者均匀。室内向室外扩散的污染物在多种组团建筑形式下，由于室内污染源的稳态、非稳态或者有无状态，其不易被充分确定出排放量。

民用建筑中住区组团建筑均为住宅，室内不存在大量排放至室外的高浓度污染源。即便在炊事时间段内，由于室外空间为小区道路，一般情况下也不容易存在大量高浓度气态污染源。城市传统商业建筑区内，组团建筑为作坊式建筑，底层是商业空间，顶层设计成住宅空间。如果商业功能是饮食类，比如西安回民街等，则可能存在因为炊事所带来的污染物。但是这一类污染物在排气筒的作用下，对组团建筑空间内环境空气的影响较低。而且组团建筑间的道路为步行街，一般情况下也不容易出现高浓度污染物。这种类型组团建筑空间如果不考虑人为热和城市道路的影响，其污染物扩散类似于前一种组团建筑。城市交通峡谷内组团建筑，其两侧建筑物以办公建筑、商业建筑、商住建筑和城市综合体为主，比如钟楼和小寨地区。室内建筑要么拥有排风系统或设施，要么是没有任何通风系统的住宅建筑。这两种类型的建筑对街道机动车排放源相比，基本为室外向室内扩散。生产型组团建筑中两侧建筑至少有一侧属于厂房建筑，比如某钢厂。室内存有通风系统或者利用热压通风。若通风系统设备捕集效率不高、无组织排放等现象存在，则室内污染物有向室外扩散的可能（图 3-7）。

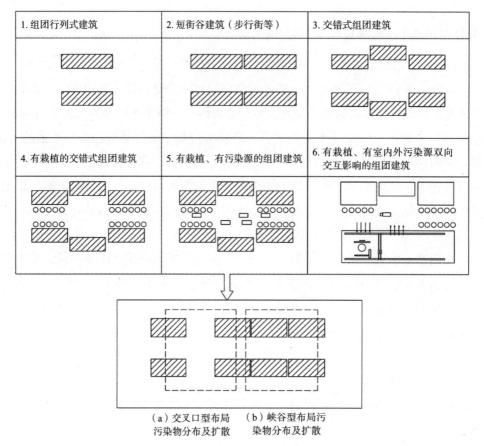

1. 组团行列式建筑	2. 短街谷建筑（步行街等）	3. 交错式组团建筑
4. 有栽植的交错式组团建筑	5. 有栽植、有污染源的组团建筑	6. 有栽植、有室内外污染源双向交互影响的组团建筑

（a）交叉口型布局污染物分布及扩散　（b）峡谷型布局污染物分布及扩散

图 3-7　建筑的不同布局形式图

3.4.2.2　室内外排放污染物量——迁移率

室内污染源项对室外空间的影响主要根据室内污染物是以何种方式排放至大气或者说是周围环境中。通常生活生产过程中产生的污染物，都有相关的国家规范予以控制及限制。民用建筑依据《环境空气质量标准》GB3095-2012 中的规定将环境空气分为两类分别给出质量要求的限值。工业建筑除了按照自身工艺所制定的专业规范要求依类设定排放标准。还有除此以外的情况，则按照国家标准《大气污染物综合排放标准》GB16297-1996 中的规定对大气污染物排放标准设置三项指标：一是通过排气筒排放的污染物最高允许排放浓度；二是通过排气筒排放的污染物，按排气筒高度规定的最高允许排放速率；三是以无组织方式排放的污染物，规定无组织排放的监控点及相应的监控浓度限值。其中无组织排放的污染物主要是以监控作为管理及控制手段，也正是因为没有相应的排放设施要求，会存在高浓度污染物被无组织排放至大气中的可能性，同时也会存在当设置有组织排放的设施的捕集效率不高造成高浓度气态污染物排放至室外的可能性。

至于室内污染物是如何排放至室外大气中以及室内排放设施的具体捕集效率是多

少，都不是本书的研究内容。本书主要研究的是发生这种最不利现象时，气态污染物的扩散规律。室内通风系统捕集了污染物，其他剩余逃逸的部分被认为通过窗户排放至室外空间中。这个逃逸后扩散迁移至室外空间的量，本书定义为污染物迁移率，是迁移量与室内源的总量的比值。

污染物迁移率的确定受限于室外建筑两侧的风压、室内外污染源排放形式和发生率、开窗尺寸等因素。寇利提出了室外向室内扩散的污染物迁移量，但是没有提出室内向室外扩散的污染物迁移量。因此，本书在此基础上改进模式，提出室外向室内扩散的污染物迁移率 K_1 和室内向室外扩散的污染物迁移率 K_2。

$$\begin{cases} K_1 = \dfrac{Q_0}{Q_1} = \xi \times \sqrt{\Delta p} \times c \times S/Q_1 & \Delta p \geqslant 0 & （3\text{-}5） \\[3mm] K_2 = \dfrac{Q_i}{Q_2} = \xi \times \sqrt{\Delta p} \times c \times S/Q_2 & \Delta p \leqslant 0 & （3\text{-}6） \end{cases}$$

其中 Q_0 表示室外向室内扩散的污染物的量值；Q_i 表示室内向室外扩散的污染物的量值；Q_1 为室外污染物发生量值；Q_2 为室内污染物发生量量；ξ 表示窗户的局部阻力系数；Δp 为通风口两侧压差，这里指的是窗户开口处的两侧压差，Pa；c 是选取位置点的污染物浓度，$\mu g/m^3$；S 为窗户面积，m^2。

通风口处两侧压差需要根据热压通风和风压通风公式进行计算获得。当某一建筑物受到风压、热压同时作用时，外围护结构窗户的内外压差等于风压、热压单独作用时窗户内外压差之和。

3.4.3 室内外污染物扩散数学模型

室内外污染物扩散的数学模型包含两方面内容，一方面是室内空间模式，另一方面是室外空间模式。国内外学者对两者之间关系的研究集中于两个尺度的考虑，室内空间模式主要考虑室内空间内污染物自身散发率和衰减、沉降甚至自清除效应，以及室外扩散至室内污染物的因素。室外空间模式主要考虑室外空间自身散发率、衰减，然后通过某种模式计算输入室内空间模式。但是往往忽略了室内可能向室外排放的计算模式，造成低估了室外浓度值现象。

假设室内外空间内污染物扩散符合以下条件：

（1）所研究的污染物只在大气中进行物理运动；

（2）在所要研究的空间范围内污染物不发生化学性变化及生物性变化。

3.4.3.1 室外扩散模式

（1）大气污染扩散模式

根据高斯扩散模型，能够获得污染物迁移通用方程式：

$$\frac{\partial c}{\partial t} + u_x\frac{\partial c}{\partial x} + u_y\frac{\partial c}{\partial y} + u_z\frac{\partial c}{\partial z} = \frac{\partial}{\partial x}\left(D_x\frac{\partial c}{\partial x}\right) + \frac{\partial}{\partial y}\left(D_y\frac{\partial c}{\partial y}\right) + \frac{\partial}{\partial z}\left(D_z\frac{\partial c}{\partial z}\right) \tag{3-7}$$

式中 c——污染物在环境介质中的浓度，kg/m^3；

$\quad$ D_x，D_y，D_z——x，y，z 方向上的湍流扩散系数，m^2/s；

$\quad$ u_x，u_y，u_z——x，y，z 方向上的平均风速，m/s。

该方程属于非线性方程无法获得解析解，但是对于设计师来说需要一个简化的模型来预测室内外污染物浓度（图3-8）。因此本书进一步做出如下假设：

1）来流风向与 X 轴相一致，重力方向与 Z 轴正方向相反；

2）流场各向同性且均匀分布。

则 $u_x=\mu$，$u_y=0$，$u_z=0$

因此，（3-7）式转化为（3-8）式，如下

$$\frac{\partial c}{\partial t} + \mu\frac{\partial c}{\partial x} = D_x\frac{\partial^2 c}{\partial x^2} + D_y\frac{\partial^2 c}{\partial y^2} + D_z\frac{\partial^2 c}{\partial z^2} \tag{3-8}$$

当组团建筑室外空间为有风条件下，认为通过窗户的污染物扩散状态遵循正态分布，本书假设如下：

1）源项为高架连续点源即线源。每一朝向上多个窗户洞口假设为一个窗户洞口平面，即将多开口物理模型简化为单一开口物理模型。高架点源的散发点为该单开口模型的 y-z 平面的中截面，假设高度为 H_s。

2）源强为稳态散发。

3）来流风速大于 1m/s 时，X 方向上风向主要存在扩散作用，忽略平流疏散作用。

$\quad$ 方程式（3-8）简化如下：

$$\mu\frac{\partial c}{\partial x} = D_y\frac{\partial^2}{\partial y^2} + D_z\frac{\partial^2}{\partial z^2} \tag{3-9}$$

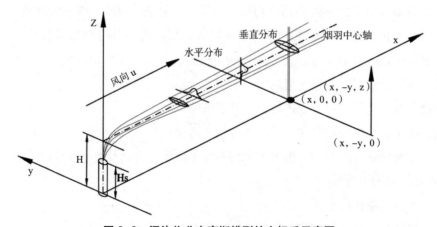

图3-8 污染物分布高斯模型的坐标系示意图

其中边界条件是
$$\begin{cases} \text{当 } x = y = z = 0,\ c \to \infty & (3\text{-}10) \\ \text{当 } x,\ y,\ z \to \infty,\ c \to 0 & (3\text{-}11) \end{cases}$$

假设烟流中心线或其在 oxy 面的投影与 x 轴重合。由连续性原理和污染物扩散时所遵循的质量守恒定律可知，整个过程中并不发生衰减销毁和产生，在 x 点处轴的下风向的 y-z 平面通过的污染物量等于源强，如下：

$$\iint_{-\infty}^{+\infty} c\mu d_y d_z = Q \qquad (3\text{-}12)$$

可以得到有风时，点源高度为 H 的无界空间连续点源解如（3-13）式

$$\begin{cases} C(x、y、z) = \dfrac{Q}{2\pi\mu\sigma_y\sigma_z} exp\left[-\dfrac{1}{2}\left(\dfrac{y^2}{\sigma_y^2} + \dfrac{z^2}{\sigma_z^2} \right) \right] & (3\text{-}13) \\[4mm] \sigma_y^2 = 2D_y t = \dfrac{2D_y x}{\mu} & (3\text{-}14) \\[4mm] \sigma_y^2 = 2D_y t = \dfrac{2D_y x}{\mu} & (3\text{-}15) \end{cases}$$

理想中的无界空间不受空间限制，污染物在 x 方向扩散系数和 y 方向扩散系数随着 x 的增大而增大，污染物浓度也随着逐渐减低，低估了地面浓度部分。实际情况中高架排放源位于近地面大气边界层中，气态污染物也不会被地面吸收和沉降，因此受到地面的反弹作用，也就是在气态污染物扩散过程中依据全反射原理（见图3-9），空间受体点（受体点高度为 Z）浓度应为高架源原像扩散到受体点的浓度值叠加上虚像扩散到受体点的浓度值的两者之和。

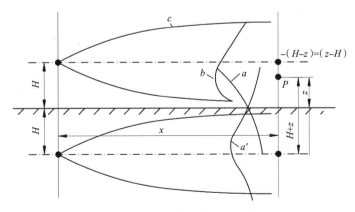

图 3-9　全反射法分析示意图

$$\left\{\begin{array}{l} C = C_{实} + C_{虚} \qquad\qquad\qquad\qquad\qquad\qquad\qquad\qquad\quad (3\text{-}16) \\[3mm] C_{实} = \dfrac{Q}{2\pi\mu\sigma_y\sigma_z} exp\left[-\dfrac{1}{2}\left(\dfrac{y^2}{\sigma_y^2}+\dfrac{(z-H)^2}{\sigma_z^2}\right)\right] \quad (3\text{-}17) \\[4mm] C_{虚} = \dfrac{Q}{2\pi\mu\sigma_y\sigma_z} exp\left[-\dfrac{1}{2}\left(\dfrac{y^2}{\sigma_y^2}+\dfrac{(z-H)^2}{\sigma_z^2}\right)\right] \quad (3\text{-}18) \end{array}\right.$$

由公式（3-16）、（3-17）和（3-18）导出有界受体点浓度解公式

$$C(\chi、y、z、H)=\frac{Q}{2\pi\mu\sigma_y\sigma_z}exp\left(-\frac{y^2}{2\sigma_y^2}\right)\left\{exp\left[-\frac{(z-H)^2}{2\sigma_z^2}\right]+exp\left[-\frac{(z+H)^2}{2\sigma_z^2}\right]\right\} \quad (3\text{-}19)$$

其中 C（χ、y、z、H）——源强为 Q，有效高度为 H 的线源扩散到受体点 P（χ、y、z）处的浓度值，mg/m^3；

μ——源高处平均风速，m/s；

σ_y、σ_z——y 轴和 z 轴方向上的扩散系数，m。

若风向与线源之间有夹角时，参考引入陈长虹等提出的风向坐标（图 3-10），并将线源分割成 n 等份，每份长度为 d_y。微线源的源强 $d_q=Qd_{y'}$。这时，微线源的扩散，可近似地用点源公式来处理。垂直风时的线源扩散公式可写为式（3-20）。

$$\left\{\begin{array}{l} dC = \dfrac{Qdy'}{2\pi\mu\sigma_y\sigma_z}exp\left[-\dfrac{y^2}{2\sigma_y^2(\chi_1)}\right]\left\{exp\left[-\dfrac{(z-H)^2}{2\sigma_z^2(\chi_1)}\right]+exp\left[-\dfrac{(z+H)^2}{2\sigma_z^2(\chi_1)}\right]\right\} \quad (3\text{-}20) \\[4mm] \chi_1 = (y'-y_p)\cos\alpha + \chi_p\sin\alpha \qquad\qquad\qquad\qquad\qquad\qquad (3\text{-}21) \\[3mm] y_1 = (y_p-y')\sin\alpha + \chi_p\cos\alpha \qquad\qquad\qquad\qquad\qquad\qquad (3\text{-}22) \end{array}\right.$$

其中 χ_1、y_1——线源上某一点 P'（0,y',Z）与受体点 P（χ_p、y_p、Z）的 χ 轴和 y 轴距离，m；

α——风向与线源之间的夹角。

由公式（3-20）、（3-21）和（3-22）沿线源积分得出

$$C（\chi_p、y_p、z；H，\alpha）=\frac{Q}{2\pi\mu}\int_{-L}^{L}\frac{1}{\sigma_y\sigma_z}exp\left\{\frac{[(y_p-y')\sin\alpha+\chi_p\cos\alpha]^2}{2\sigma_y^2(\chi_1)}\right\}$$
$$\cdot\left\{exp\left[-\frac{(z-H)^2}{2\sigma_z^2}\right]+exp\left[-\frac{(z+H)^2}{2\sigma_z^2}\right]\right\}dy' \qquad (3\text{-}23)$$

因此，对于室内向室外扩散的那一部分污染物浓度在组团建筑空间室外垂直分布遵循高斯扩散规律，即遵循 e 指数廓线形式。本书借鉴高架道路污染物扩散计算模式，

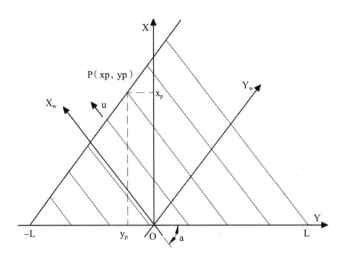

图 3-10　风向坐标系向直角坐标系转换图

则推导出下式

$$C\ (Z',\ \alpha) = \frac{0.399Q}{\mu \sin\alpha} \cdot C_1 \cdot exp\ (-C_2 \cdot Z'^{c_3})\qquad(3\text{-}24)$$

式中 Q——污染物排放强度，$Q = Q_{室内向室外} + Q_{室外街道}$；

　　　　$Q_{室内向室外}$ 可以参见前节所述内容进行计算分析；

　　　　C_1——经验参数值，水平扩散系数相关值；

　　　　C_2——经验参数值，垂直扩散系数相关值；

　　　　C_3——经验参数值，组团建筑空间的具体结构确定；

　　　　Z'——无量纲高度，$Z' = Z/H_s$，其中 H_s 是组团建筑平均高度。

C_1、C_2 和 C_3 需要根据具体组团建筑空间的实测数据来确定合理参数取值范围。可以采用实地测试数据代入计算。

上述公式可以简单预测生活道路室外空间的污染物浓度，为设计师提供一个简单的工具来进行规划设计。公式也可以尝试用于工业生产型空间中。比如，可以考虑组团建筑的平均高度，设置降低污染物浓度的绿化带等措施。由于未考虑到温度和湿度等因素的变化，公式仍需要进一步深化。但是，公式基本可以满足设计师在设计地块上根据方案快速预测组团建筑空间的污染物浓度并完成快速设计优化方案的需求。

（2）半经验模式

OSPM（Operational Street Pollution Model）模式是比较常用的高斯模型之一，也曾在北欧的一些城市和澳门、北京等城市与实测结果相验证比较满意。OSPM 模式认为机动车排放污染物扩散到道路两旁时，污染物浓度值分为直接贡献部分和循环部分。直接贡献部分指的是交通峡谷底部风输送到受体点的污染物浓度值。至于循环部分指的是交通峡谷内的涡流输送扩散产生的污染物浓度值。这一部分在迎风面和背风面会因为所假设的梯形循环区所涉及的区域不同而发生不同的变化。但是其原理是利用简化的箱模式并遵循质量平衡模式。在实际计算过程中，背景浓度部分指的是一个城市的本底浓度值，一般是作为基本参数输入模式计算的，因此在说明该模式的计算公式时背景浓度值常常会被忽略未放入公式中。本书在 OSPM 模式的基础上增添了室内向室外扩散的浓度，见（3-25）式。

$$C_t = C_d + C_r + C_b + C_m \tag{3-25}$$

式中 C_t——污染物总浓度；

C_d——直接贡献部分浓度值，见（3-30）式；

C_r——循环部分浓度值，见（3-37）式；

C_b——城市背景浓度值；

C_m——室内向室外扩散的浓度值。

$$\delta C_d = \sqrt{\frac{2}{\pi}} \frac{\delta Q}{u_b \sigma_z(\chi)} \tag{3-26}$$

式中 δC_d——线源直接贡献的浓度，mg/m^3；

δQ——线源污染物排放源强，$mg/m \cdot s$；

u_b——交通峡谷底部（地面高度 2m）处风速，m/s；

χ——测试点到线源的距离，m；

$\sigma_z(\chi)$——距离 X 处的垂直扩散参数，是机械湍流和对流综合作用引起的结果。

$$\sigma_z(\chi) = \sigma_w \frac{\chi}{\mu_b} + h_0 \tag{3-27}$$

$$\sigma_w = \sqrt{(\alpha\mu_b)^2 + \sigma_{w0}^2} \tag{3-28}$$

$$\mu_b = \beta\mu_0 \tag{3-29}$$

式中 σ_w——垂直湍流速度的标准方差，m/s。

h_0——初始扩散参数，是由机动车正常行驶速度下，污染物的初始扩散情况，一般取 2m。

α——是由对流项引起的经验参数，通常取 0.1。

β——风速转换系数，根据国内学者的研究将风速转换系数修正为与高宽比相关的函数，同时也指出该函数仍旧需要对不同高宽比因素进行回归求得。本书依据所测得的西安市 40 条组团建筑空间街道高宽比数据和相关组团建筑空间的屋顶、底部风速，反算求得在西安地区，风速转换系数值为 0.36 ~ 0.43 之间。

σ_{w0}——机动车引起的机械湍流强度，m/s。通常取 0.1。

线源在来流风向上积分可得机动车贡献的污染物浓度值如下：

$$C_d = \sqrt{\frac{2}{\pi}} \frac{Q}{L\sigma_w} \ln\left(\frac{\sigma_w d_1 / \mu_b + h_0}{h_0} \right) \tag{3-30}$$

$$d_1 = \text{Min}\left(L_{\max}, L_r \right) \tag{3-31}$$

$$L_{\max} = \frac{L}{\sin\theta} \tag{3-32}$$

循环区浓度是按照箱式模型来计算获得的，实际上就是涡流区范围。循环区域假定（图 3-11）：

1）循环区域内只发生了一个涡旋区；

2）该涡旋区为梯形区域，上边界的最大长度是涡旋尺度的一半，下边界长度受限于风速和建筑物高度；

3）涡旋区内假设污染物质量流率流进处与流出处相等；

4）涡旋区内污染物瞬时混合均匀。

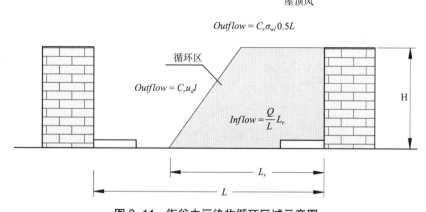

图 3-11　街谷内污染物循环区域示意图

$$L_r = 2Hr \tag{3-33}$$

$$L_s = \sqrt{(0.5L_r)^2 + H^2} \tag{3-34}$$

式中 L_r——循环区下边长度，m。当 $L_r > L$（街道宽度）时，$L_r = L$。

H——建筑物平均高度，m。

r——低风速修正因子，m。当 $\mu > 2\text{m/s}$ 时，$r = 1$；当 $\mu \leqslant 2\text{m/s}$ 时，$r = \frac{\mu}{2}$。

L_s——循环区侧边长度，m。

循环区域内单位长度污染物流入质量为：

$$\text{Inflow} = \frac{Q}{L} d_r \qquad (3\text{-}35)$$

式中 d_r——循环区宽度，m。见（3-36）式。

$$d_r = \min(L, \ L_r \sin\theta) = d_1 \cdot \sin\theta \qquad (3\text{-}36)$$

当循环区宽度小于街道宽度时，循环区流入质量部分包含部分机动车排放量和临街建筑室内向室外排放量，循环区流出质量部分主要是梯形顶边扩散量和梯形侧边对流量。

$$C_r = \frac{(Q/L) d_1 \sin\theta}{\sigma_{\text{wt}} d_2 + u_d d_3} \qquad (3\text{-}37)$$

$$\sigma_{\text{wt}} = \sqrt{(\alpha\mu_t)^2 + \sigma_{w0}^2} \qquad (3\text{-}38)$$

式中 σ_{wt}——峡谷顶部的湍流强度，m/s；

$\quad\mu_t$——屋顶处风速，m/s；

$\quad L$——街道宽度，m；

$\quad\theta$——来流风向与街道的夹角。

C_m 室内向室外扩散的浓度值，本书假设状态如下：

1）污染物从室内向室外扩散只考虑直接贡献值，不考虑循环区域内贡献值；

2）污染物从室内向室外扩散被看做是窗户平面中心处的连续点源组成的线源；

3）组团建筑空间中只有一面墙体外窗和组团建筑室外空间发生污染物扩散现象且遵循箱式理论。

则假设污染物浓度值为

$$C_m = \sqrt{\frac{2}{\pi}} \frac{Q_m}{L\sigma_w} \ln\left(\frac{\sigma_w d_1 / \mu_b + h_0}{h_0}\right) \qquad (3\text{-}39)$$

$$d_1 = \text{Min}(L_{\max}, \ L_r) \qquad (3\text{-}40)$$

$$L_{\max} = \frac{L}{\sin\theta} \qquad (3\text{-}41)$$

其中 Q_m——室内向室外扩散的源强值，根据质量守恒和连续性定理，$Q_m = Q_0$，Q_0 为室内污染物散发源强，mg/m³。

该公式在 OSPM 的基础上加入室内向室外扩散的源项，模式未考虑非均匀街谷和有绿化状况的影响因素。不过这个公式在获得室内外污染物源强和组团建筑形状因子及常年主导风向和风速时，可以用来预测组团建筑空间内污染物浓度。

3.4.3.2　室内模型

上一节主要考虑的是室内向室外传递过程，这一节为室外向室内传递的过程。室外向室内传递的计算模式发展早且理论成熟。本书借鉴高架道路污染物扩散计算模式，根据良好反应器模式，参考引入混合因子 K，则变为公式（3-42）如下：

$$V\frac{\mathrm{d}C_i}{\mathrm{d}t} = Kq_0C_0(1-F_0) + Kq_1C_1(1-F_1) + Kq_2C_0 - K(q_0+q_1+q_2)C_1 + s - R \qquad （3-42）$$

式中 F 为房间有效体积，m^3；q_0 为过滤器流率，m^3/S；q_1 为循环风流率，m^3/s；q_2 为回风流率，m^3/s；C_0 和 C_i 分别为室内及室外有害物浓度，g/m^3；s 和 R 分别为内部污染源有害物的生成和消失速率，g/s。

对于自然通风房间（见图 3-12），室内污染物扩散的假设条件如下：

1）假设室内源为稳态条件；

2）室内外温度相同。

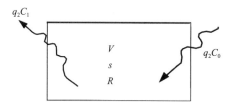

图 3-12　自然通风房间示意图

则式（3-42）推导得出式（3-43）如下：

$$V\frac{\mathrm{d}C_i}{\mathrm{d}t} = Kq_2C_0 - Kq_2C_1 + s - R \qquad （3-43）$$

设 $R=\lambda VC_i$，则

$$C_i = \frac{Kq_2C_0+s}{\alpha}\left[\exp\left(-\frac{\alpha}{V}t\right)-1\right] + C_s\exp\left(-\frac{\alpha}{V}t\right) \qquad （3-44）$$

式中 $\alpha=Kq_2+\lambda V$，λ——衰减系数，选用文献 [16] 测定并拟合获得的 CO 衰减系数值为 -0.01163。

通风换气量本书假设为开窗和关窗两种模式，可以依据文献 [17]

$$q_2 = 3600V_mS \qquad （3-45）$$

式中 V_m——窗户处速度，m/s。$V_m=\mu V\sqrt{K}$，μ——窗户流量系数，可根据测试数据反算。

　　　　K——空气动力系数，查文献。

V——室外风速，m/s。

S——窗户面积，m^2。

关窗时按照换气次数法

$$q_2 = n \times V \qquad (3\text{-}46)$$

式中 n——换气次数，次 /h。n 值可以查表获得。

V——房间体积，m^3。

第 **4** 章
城市街谷空间污染物扩散特性实验

城市街谷空间污染物扩散由于类别复杂，直接或者间接影响因素众多，一直以来都是研究的重点和难点。通过上一章污染物扩散的机理分析了解到如果想要把握污染物扩散的计算预测模型，那么首先应该掌握影响因素的重要性或权重，本章拟通过统计学的相关方法对大量实地测试数据给出权重分析，对三种组团建筑空间类型和单体建筑室内外进行污染物扩散规律分析，以求探寻出及验证各影响因素之间的关系，以便为后续数值模拟研究提供清晰而准确的边界条件扩展参数，更进一步为了数值模拟研究进行详细实验验证。

4.1 城市交通峡谷空间内污染物扩散影响因素

组团建筑空间污染物扩散影响因素包括风速和风向、温度、相对湿度以及组团建筑几何特征、绿化条件及其污染源排放源强。这些影响因素之间互相影响互相发生作用，风速值大时，以对流方式扩散为主；风速值小甚至接近零时，温度梯度和浓度梯度促成污染物扩散系数变化并影响到污染物浓度分布；当组团建筑中存在水景设计时，与周围环境间形成的湿度梯度也会促成污染物扩散系数发生变化来影响到污染物浓度分布状况。另外建筑布局、绿化等因素对污染物扩散起到障碍物的影响作用，其中绿化除了可能会稀释污染物浓度之外，还可能造成组团建筑空间内温度以及湿度的整体变化。

4.1.1 实验方案

为了能够理清影响污染物扩散的影响因素之间的重要性，和能够在提升组团建筑空间空气品质的控制策略或设计方面提供理论支撑，本章对各影响因素逐步进行相关性分析，以求探取其权重排序。

4.1.1.1 影响因素

（1）气象因素

1）风速

风速主要通过对流作用影响污染物扩散速度，风速越大，越容易稀释冲淡污染物浓度。作为封闭空间的街谷中顶部风速和底部风速对流场和流态作用明显。根据专家学者的研究发现，室外空间的污染物在一定的风速条件下会发生不同的浓度分布变化。这个一定的风速条件在不同的街谷几何特征、不同的街道走向下数值也不尽相同。研究较为认同的是当风向与街道走向一致时，街谷内流场和流态随着街道高宽比的变化而变化。

2）温度

温度是一个受太阳辐射、室内外温度差综合作用下的环境因素，一般来说温度越高，越有利于污染物扩散。由于室外空间长度方向长且太阳辐射和临街建筑内空间功能性差异导致壁面温度在长度方向上差异大。其与室外空间的温度差带来了温度梯度变化，进一步造成污染物扩散速率不同，从而使污染物浓度分布也随之发生变化。

3）湿度

湿度包括相对湿度和绝对湿度。本书所说的湿度，如果不做特别说明的话，一般统指相对湿度。若室外空间内设计有小型水景，局地环境湿度获得大幅提升，则湿度梯度也会同温度因素一样，造成扩散速度的变化，从而使污染物浓度分布发生变化。

（2）源项

污染物源排放强度主要根据所研究的室外空间所处的区域中是否是城市中心或者工业区、居住小区内而有所不同。上一章中根据污染物排放源项的几何特征及相应选取的计算模式已作出详细分析，本章是对不同工况下源项处所发散源强的重要性分析。

机动车尾气排放是城市街谷中尤其是城市交通峡谷中的主要污染物来源。近10年来由于中国城市化进程推进快速，一方面使得城市机动车保有数量增长势头迅猛，例如陕西省西安市车管所统计从2001年至2014年的机动车保有量增长约5倍。因此，城市交通峡谷地区内的污染物排放源增多，加剧城市街谷内污染现象，严重影响行人区域或者临街建筑室内的空气品质问题。另一方面高密度连续性街区的高频出现，使得受到城市微气候和组团建筑小气候等多尺度、多样性因素的影响和制约的污染物扩散过程受阻明显，分布越发复杂多变且可控性难度加大。因此，在源项排放强度方面，需要根据道路车道数和道路横断面形式等城市道路设计的确认来确定源强。

城市道路设计包含车道数量决定了污染源的排放强度，分隔带内植物稀释或阻碍了污染物扩散。根据《城市道路工程设计规范》CJJ37-2012，道路横断面形式表征了车道和分隔带数量。道路横断面形式中单幅路车道布置灵活，适用于中心城区红线受限、用地不足、拆迁困难的老城区道路或者具有游行、迎宾、集合等特殊功能的主干路，一般为四车道，不设置分隔带。道路横断面形式中三幅路适用于机动车和非机动车交通量较大的主干路，一般为六车道，设置绿化分隔带。为了研究道路横断面布置对污染物浓度分布的影响，本章选取四车道单幅路和六车道三幅路这两种城市道路形式。测量对象为西安市的主干路，其中包含单幅路 16 条和三幅路 22 条。如图 4-1 所示。

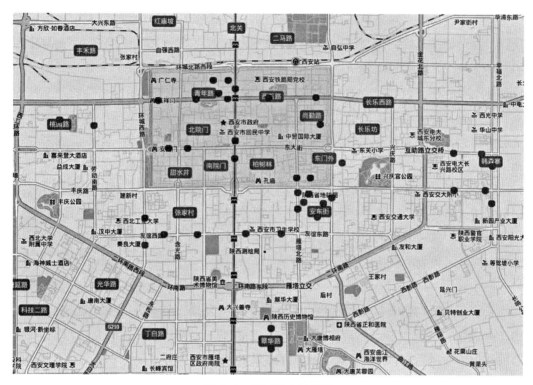

图 4-1　测量地点示意图

（3）几何特征

1）建筑布局

组团建筑布局方式一般指的是街道走向、街谷高宽比和长远比。高宽比影响了组团建筑空间垂直面的流态，长远比影响了街谷水平面的流态。一个城市的主导风向是一定的，因此组团建筑所在的街道走向决定了来流风向与街谷的夹角，影响了一年中主要污染物扩散。风向与污染物扩散的相关性比较大，为了研究风向对污染物浓度分布的影响，本章选取西安最常见的东西走向和南北走向两种街道走向，其中包含东西走向 20 条街道，南北走向 20 条街道。

2）几何尺寸

组团建筑空间几何尺寸就是指具体道路宽度，两侧建筑物各自的长度、宽度和高度。

组团建筑布局和几何尺寸相互关系密切，又互有区别。建筑布局在满足功能的前提下，偏重的是平面及空间的组合关系、人行流线设计等综合性的问题。几何尺寸强调的是具体建筑物的尺寸设计，如实反映各单体建筑和城市道路的立体尺寸。因而，组团建筑空间的几何尺寸是建筑布局形式的参数化表现形式。这个表现形式对流场的作用直接体现在各无量纲参数中，间接影响到组团建筑空间中的流态。

（4）物理特性

在组团建筑中，城市街谷在机动车尾气的排放状态下，在太阳辐射直射和散射作用下，在两侧建筑物内热源的影响下，以及组团建筑空间空地范围上是否存在绿化等因素的影响下，整个组团建筑空间内单体建筑的建筑材料、建筑色彩和建筑外壁面的反射率、吸收率、玻璃门窗的气密性、建筑透明部分的吸收率和反射率反映建筑物受到辐射数量变化。单体建筑壁面传热系数、热惰性指标和孔隙率等等一系列的物理特性参数都会对组团建筑空间的温升有直接作用。组团建筑空间内某一点的起始密度和周围环境空气中的密度发生了不一致性的变化，受到热浮升力作用。

组团建筑各组成界面上的物理特性均会影响场地空间内的污染物扩散状况，只不过是间接或者直接的相关程度不同。这些物理量的变化从本质上来说，都是影响风速、温度和相对湿度变化的因素。因此，本书研究的是在多项综合原因耦合作用下，组团建筑空间内污染物的变化规律和特性。

（5）绿化

我国于 20 世纪 80 年代最早提出"绿量"这一名词，是作为一项二维绿化指标，由于涉及学科、领域广泛，其含义并未统一，有的与城市绿地率或绿化覆盖率等同。有的认为是环境标志、生态标志或绿色标志[18]。1994 年周坚华调查了绿化三维量和裸露地，提出了新的概念"绿化三维量"，是指植物所有绿色茎叶所占据的空间体积量，用单位 m^3 来计算城市的绿色量。2002 年刘滨谊首次提出了绿量率，把叶面积指数这一指标引入城市绿地研究中。行道树叶面积指数（LAI）是表征单位土地面积上种植植物叶片的多少，是叶覆盖量的无量纲度量。大量的测试表明：在城市绿化树木中，大多数绿化树木都在 $0 \sim 6m^2 \cdot m^{-2}$ 之间，只有不到 14% 的植物的叶面积指数 LAI 不小于 $8m^2 \cdot m^{-2}$。

城市中绿地率等指标是对城市中大片连续性空地空间而言。而城市道路上小面积的绿化带如上述章节源项分析中，根据城市道路横断面设计是一个还是两个、是行道树乔木种植方式还是乔冠草搭配种植；所栽种树种类型是高杆还是低杆、落叶还是常绿、如果是落叶乔木则其树龄大还是小、树冠层密集还是疏松，郁闭度高还是低；绿量大还是小等等绿化形式和绿化配置方式对组团建筑空间室外空间污染物扩散的影响非常复杂。

　　绿化对污染物扩散的影响也包含了多种方式，吸收、稀释和阻碍等作用还有可能是同时作用于同一组团建筑空间中。绿化还能改变组团建筑空间温度分布，引起街谷内大气不稳定状态。

　　通过对西安市三环以内主干路的调研分析得知西安市道路旁绿化以行道树乔木种植为主。本章选择以行道树叶面积指数作为影响因素之一，表征的是绿化树木对污染物扩散的作用。

4.1.1.2　方案设计

　　对于每一条测量街谷，因为行驶车辆的曳力作用、太阳辐射和人为热、行道树和建筑布局等的影响，街谷内机动车活动区间、人活动空间和建筑物与街谷室内外空气交换过渡区等不同功能空间的温度、湿度和风速呈现不均匀变化，导致 CO 浓度的空间分布不均匀。因此，本书选择测试其中不同区域的具体参数以供研究使用。

　　（1）实验地点

　　本书的测量对象城市西安市，是陕西省的省会，属于中国建筑热工区划中的寒冷地区，冬季从每年 11 月 15 日起开始市政供暖，部分城区存在以煤炭燃烧为主的供暖方式，城市污染物背景浓度值偏高。城市大气混合层高度在这一季节较其他季节偏低，城市逆温现象频现，弱风天气多，街谷内 CO 不易扩散。西安所种植的行道树以落叶乔木为主，冬季会落叶。测量时间是 2011 年 11 月 15 日～2011 年 12 月 30 日，这段时间处于西安的采暖期，且行道树仍有树冠层，处于污染物扩散最不利的状况。同一测点采样参数均进行重复三轮测试以减少测量误差。

　　为了研究不同区域点位对 CO 浓度的影响，在测量街道内设定测点 1、2、3，如图 4-2 和图 4-3 所示，通过三个区域内的 CO 浓度变化探寻各区域污染物控制策略。为了避免不对称组团建筑对 CO 浓度的影响，这三个测点选择在同一街谷两侧为等高建筑的街谷区域。根据先期调研，所需测试的街道中以乔木种植方式为绿化形式的有 95%，则选定各街道中距测点 1 最近的乔木来观测树木的 LAI 值。

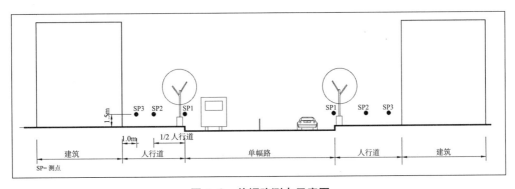

图 4-2　单幅路测点示意图

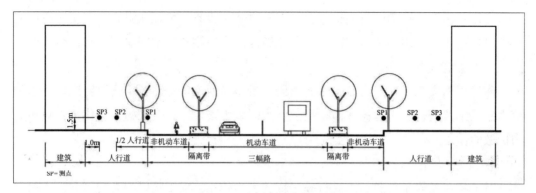

图 4-3　三幅路测点示意图

测点代表测试区域表　　　　　　　　　　　　表 4-1

测点	布点位置	测试高度（m）	表征范围
测点 1	机动车道路边缘	1.5	街谷源强部分
测点 2	临街建筑外墙皮距机动车道路缘石距离的中点	1.5	人行道区域
测点 3	距离临街建筑物外墙皮 1m 处	1.5	空气交换区

（2）测试参数和仪器

机动车尾气中，CO 气体既具有排放量高，且威胁到行人健康；同时又具有相比其他机动车污染物不易在太阳光下发生反应的特点而成为理想的示踪气体。国内外学者均将 CO 作为测量内容，对其街谷内的扩散规律进行相关的测试、理论和半经验分析。

测试采用手持式 TSI7545 空气品质检测仪测量 CO 浓度，其测量范围 0 ~ 500ppm，分辨率为 0.01ppm，见图 4-4，表 4-2。所有测点的 CO 浓度采样时间与气候因素采样时间同步，采样高度设定 1.5m。机动车污染物的排放与车型、车速和燃料种类等因素有关。在测量各测点数据的同时，记录同一街谷内的车流量并予以车型区分，并按下式估算出 CO 排放源强后，用于统计分析。

$$Q_L = \frac{n \times E}{1000} \times 3600 \qquad (4-1)$$

其中，Q_L 为单位时间、单位长度公路上各类型汽车 CO 的排放强度（g/km·h）；E 为排放因子，指的是每一车辆行驶单位距离平均排放 CO 的量（g/辆·km）；n 为单位时间内在公路某一地点所通过的车辆数（辆/h）。

使用 TES1341 智能热线式风速计来记录平均风速、温度、湿度，风速测量范围是 0 ~ 30m/s，温度是 –10 ~ 60℃，湿度是 10% ~ 95%。测量分辨率分别为 0.01m/s、0.1℃ 和 0.1%，详见图 4-5，表 4-2。采样点每次以采样 15 分钟内的平均值为采样数据，采样高度统一设为规范规定的 1.5m。行道树叶面积指数 LAI 参数使用美国生产带鱼眼镜头的 LAI-2000 冠层分析仪，在全阴天的情况下，按照测量孤立木的方法四面重复测量 3 次取其均值作为基础数据，详见图 4-6，表 4-2。组团建筑高宽比参数 AR 值（Aspect ratio）则是以网络地图定点为辅，以实地测量为主的方法综合测定给出的。使用仪器详见图 4-7，表 4-2。

所有测试仪器均在实验测试前进行标定。

图 4-4　TSI7545 空气品质检测仪

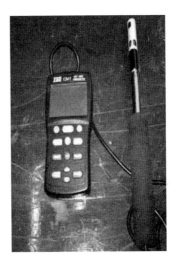

图 4-5　TES 风速仪

图 4-6　LAI-2000 冠层分析仪

图 4-7　LEICA 红外线测距仪

测试仪器参数表　　　　　　　　　　　　　　　　　　　　　表 4-2

仪器型号	测试参数	传感器类型	测量范围	精度	分辨率	响应时间（s）
TSI7545	CO	电化学	0 ~ 500ppm	读数的 ±3%	0.1ppm	<60
Tes1341	风速	热线式	0 ~ 30m/s	±3%	0.01m/s	60
	温度		−10 ~ 60℃	± 0.5℃	0.1℃	60

仪器型号	测试参数	传感器类型	测量范围	精度	分辨率	响应时间（s）
Tes1341	湿度	热线式	10%～95%	±3%	0.1%	60
LAI-2000	叶面积指数	光学感应	320～490nm	可控的天顶角度68°	0.01	—
LEICA	距离	红外线		±1.5mm	0.01m	—

4.1.2 数据处理

4.1.2.1 参数分析

（1）CO 浓度

东西走向单幅路街道中，CO 浓度值最大值 4.0ppm 在晚高峰时段的测点 3 处出现，最小值是 1.4ppm，位于中午非高峰时段的测点 1 处，详见图 4-8。南北走向单幅路街道最大值 6.0ppm 在中午高峰时段测点 3 处出现，最小值在 1.5ppm，测点 2 处非高峰时段出现，详见图 4-9。东西走向三幅路街道中 CO 浓度值最大值 4.8ppm，出现在早高峰时段的测点 1 处，最小值 1.5ppm 则处于晚上非高峰时段测点 2 处，详见图 4-10。南北走向三幅路街道最大值 7.9ppm 在中午高峰时段测点 3 处，最小值 1.2ppm，在测点 2 处非高峰时段出现，详见图 4-11。对比可以发现 CO 浓度值最大值出现时段正是机动车高峰时段即机动车尾气排放量高时段，也是炊事排放量高时段，因此距离临街建筑最近的测点 3 区域的浓度值偏大。不同街道走向和不同道路横断面街道的 CO 浓度平均值比较接近，分别为 3.0ppm（图 4-8）、2.84ppm（图 4-9）、2.81ppm（图 4-10）和 2.97ppm（图 4-11）。

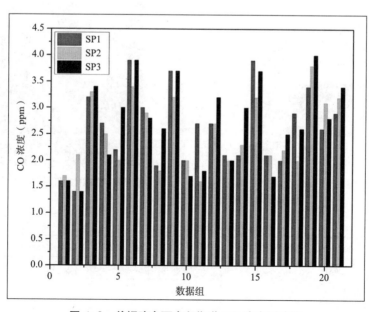

图 4-8 单幅路东西走向街道 CO 浓度测试值

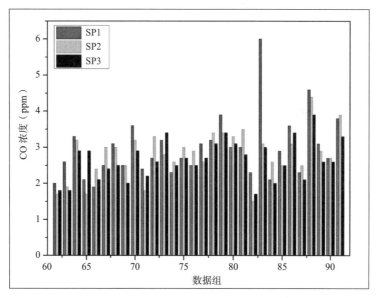

图 4-9　单幅路南北走向街道 co 浓度测试值

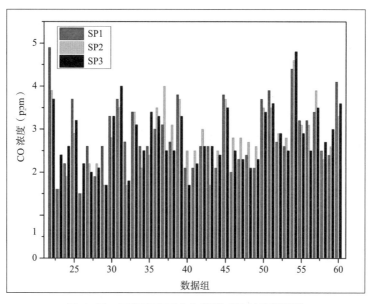

图 4-10　三幅路东西走向街道 CO 浓度测试值

　　CO 浓度最大值在测点 1 处出现频率最高为 48.33%，其中 CO 浓度值在测点 1 处最大，并大于测点 3 处，且更大于测点 2 处，浓度值的变化趋势达 25.83% 为多数。这是因为测点 1 位于道路边缘，距离机动车道最近，受到机动车尾气排放的 CO 源强影响最大。测点 3 位于临街建筑 1m 内，受到建筑室内、外污染源及街谷几何特征的双重影响，CO 浓度值高于测点 2 处。而测点 2 位于人行道区域中心，距离机动车道和临街建筑相对其他测点要远，同时测试时区域内无大量污染物排放现象，而且与机动车道之间存在行道树的屏障作用,被吸收及稀释了部分 CO,因而测点 2 处浓度值最低。

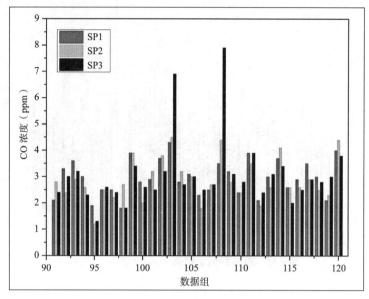

图 4-11　三幅路南北走向街道 CO 浓度测试值

（2）环境参数分析

东西走向街道各测点风速值波动范围在 0.01 ~ 2.47m/s 之间,平均值为 0.35 m/s（图 4-12）。南北走向街道各测点风速值波动范围在 0.01 ~ 8.02m/s 之间,平均值为 0.45 m/s。在所有风速测试数据中,风速值集中于 0 ~ 0.3m/s 的微风范围多达 92.78%。

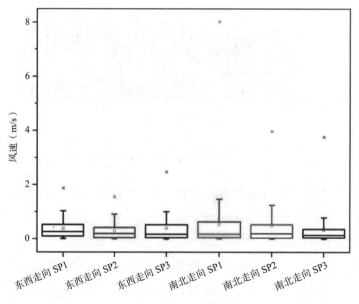

图 4-12　风速测试值

东西走向街道各测点温度值波动范围在 2.3 ~ 12.3℃之间，平均值为 7.22℃（图 4-13)。南北走向街道各测点温度值波动范围在 2.0 ~ 12.6℃之间，平均值为 7.11℃。在所有温度测试数据中，温度值集中于 6 ~ 9℃的范围达 48.06%。

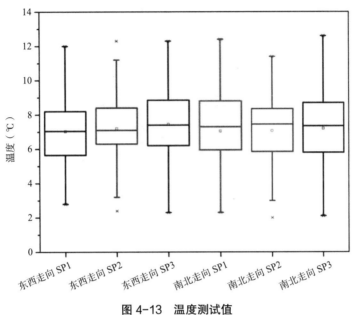

图 4-13 温度测试值

东西走向街道各测点相对湿度值波动范围在 30.3% ~ 87.3% 之间，平均值为 57.57%（图 4-14)。南北走向街道各测点相对湿度值波动范围在 29.9% ~ 94.1% 之间，平均值

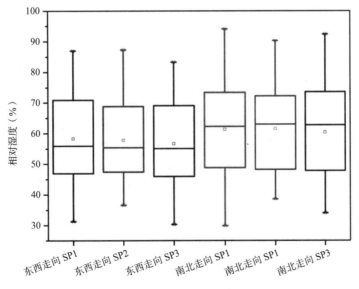

图 4-14 相对湿度测试值

为61.30%。相对湿度测试值集中于两个范围内，其中东西走向街道处于35<RH<60范围的占53.89%，南北走向街道处于60<RH<85范围的占50%，东西走向街道的相对湿度测试值低于南北走向街道的相对湿度测试值。

（3）组团建筑形状因子分析

从图4-15可见，单幅路街道AR最大值2.07，最小值0.27，平均值0.75；其中0.3<AR<0.7的占50%，AR>0.7占38.89%，AR<0.3占11.11%。三幅路街道AR最大值0.78，最小值0.17，平均值0.35；其中0.3<AR<0.7占56.52%，AR>0.7占4.34%，AR<0.3占40.91%。单幅路街道中AR<0.5的宽街谷占38.89%，AR<2的深街谷达11.11%，AR≈1的理想街谷占11.11%，三幅路街道中宽街谷达99.65%。

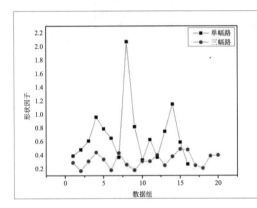

图4-15　形状因子测试值

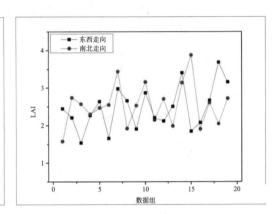

图4-16　LAI测试值

（4）叶面积指数分析

从图4-16可见，东西走向街道LAI测试值最大值3.69，最小值1.54，平均值2.47。南北走向街道LAI测试值最大值3.88，最小值1.58，平均值2.57。东西和南北走向街道LAI测试值均集中于2~3之间，各占47.37%和63.16%。

4.1.2.2　各因素统计分析

（1）多元线性分析

在进行实际规划设计中，因为各阶段设计要求不同，比如需要在城市总体规划及分区规划设计中首先初步预测出污染物浓度，但是组团建筑空间污染物浓度扩散影响因素众多，不易找到一个能够包含所有影响因素的通用的模型。考虑以其中的多项因子做出分析，为城市总体规划及分区规划设计中的要求提出辅助参考。

统计软件用来分析多点、单测点、不同街道走向和不同道路横断面形式8种工况。运用了进入法获得多元线性分析（表4-3）。方程中假设因变量为CO浓度测试值，自变量为风速、温度、湿度、CO排放强度、LAI和AR，分别用X_1、X_2、X_3、X_4、X_5和X_6表示。

多元线性分析 表 4-3

工况	类型	多元线性分析	P
Case1	行人区	$Y=2.987+0.028X_1-0.036X_2+0.000X_3-0.022X_4+0.178X_5-0.350X_6$	0.000
Case2	行道树下	$Y=2.837+0.138X_1-0.054X_2+0.000X_3-0.016X_4+0.201X_5-0.080X_6$	0.114
Case3	行人道	$Y=2.898-0.020X_1-0.010X_2+0.003X_3-0.025X_4+0.095X_5-0.522X_6$	0.140
Case4	建筑旁	$Y=3.146-0.025X_1-0.046X_2-0.004X_3-0.027X_4+0.263X_5-0.424X_6$	0.039
Case5	东西走向	$Y=3.137-0.212X_1-0.046X_2+0.001X_3-0.028X_4+0.149X_5-0.846X_6$	0.008
Case6	南北走向	$Y=3.178-0.057X_1-0.033X_2-0.003X_3-0.023X_4+0.195X_5-0.343X_6$	0.005
Case7	单幅路	$Y=2.395-0.009X_1-0.018X_2+0.004X_3-0.015X_4+0.190X_5-0.160X_6$	0.010
Case8	三幅路	$Y=4.257+0.256X_1-0.081X_2-0.008X_3-0.030X_4+0.145X_5-1.239X_6$	0.003

多元线性分析中各影响因素的回归系数会根据不同工况发生变化。Case1、Case2、Case3 和 Case4 工况中,风速回归系数变化范围较其他因素大,从 –0.025 变为 0.138,变化值 0.163;AR 回归系数值在 Case2 中最小。Case3 中 LAI 回归系数变化范围较其他因素大,变化值 0.106。Case5 与 Case6 比较,风速回归系数变化值为 0.155,AR 回归系数变化值为 0.503。Case7 与 Case8 比较,风速回归系数变化值 0.265,AR 回归系数变化值为 1.079。湿度变化相比其他影响因素各工况下回归系数变化值很小,最大变化值仅为 0.012。温度和 CO 排放强度变化范围比较稳定,最大变化值分别为 0.063 和 0.015。因此,CO 浓度值预测模型应当具体考虑实际组团建筑所在街谷的各项影响因素才能减少预测值和实测值的误差范围,这与 Zhang 等人的研究一致。多元线性分析的显著性以 Case3 最显著,Case8、Case6 和 Case5 次之,Case7 和 Case4 差异显著,Case2 和 Case3 受误差因素干扰太大。多元线性分析时,考虑到各影响因素在不同工况下会发生变化这一情况,主要分析目的以满足规划设计中最初阶段城市总体规划和分区规划的设计要求为前提,假设函数式为线性关系,忽略了交互效应和非线性的因果关系。但是在后续规划设计阶段,比如控制规划乃至修规阶段中的设计要求下,尚需考虑交互作用下各影响因素的重要性。

(2)基于 BP 神经网络的权重分析

为了在交互关系下获得各影响因素的重要性程度,采用统计软件,通过 BP(Back Propagation)神经网络方法分析所有工况,得到权重和标准化权重,从而完成敏感性分析。所有数据为原始测试数据,且在单层分析的基础上增至 2 层分析(图 4-17,表 4-4)。

在 8 种工况中,风速的权重大于其他影响因素,其标准化权重值达 100% 的占 87.5%,它的敏感性最强。只有 Case5 中,其标准化权重值仅为 3.5%,而 Case6 的标准化权重值为 100%。这是因为西安市的冬季主导风向为 NE,难以进入 Case5 的街谷中,同时测试时风速集中于微风区范围内,来流风弱,CO 不易扩散,CO 排放强度的权重值最大,标准化权重 100%,敏感性最强。Case6 与 Case5 工况相反,风速敏感性最强,

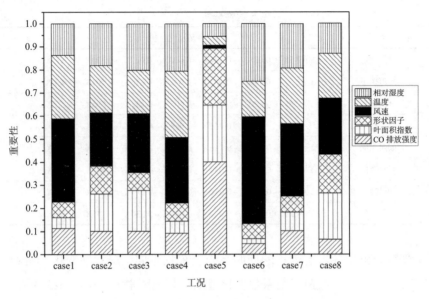

图 4-17　不同工况下标准化权重值示意图

不同工况下标准化权重值　　　　　　　　　　　　表 4-4

工况	标准化权重（%）					
	CO 排放强度	LAI	AR	风速	温度	相对湿度
Case1	31.4	13.2	18.8	100	76.4	37.9
Case2	43.9	69.8	52.7	100	88.8	78.5
Case3	39.6	68.7	30.7	100	73.8	78.7
Case4	32.2	18.1	27.6	98.9	100	71.6
Case5	100	61.4	61.2	3.5	9.5	14.0
Case6	9.9	4.7	14.1	100	33.3	53.9
Case7	32.5	25.9	22.0	100	76.6	61.6
Case8	26.7	82.0	68.7	100	79.0	53.8

LAI 敏感性最弱。则 Case5 工况在总图设计时考虑采用在连续性街道中设置道路端口、理想高宽比和乔木疏密种植的控制策略。Case6 工况街谷内建筑设导风、遮阳设施和水景小品等景观设计策略。

Case7 和 Case8 两工况相比，前者是单幅路，道路宽度小，AR 值范围广，街谷流态多样，若来流风向垂直于街谷主轴，包含 50% 的干扰流（wake interference），38.89% 的掠流（skimming flow），11.11% 的孤立粗略流（isolated roughness flow）。风速、温度和湿度是主要影响因素，控制策略以导风、密植乔木和水景设计为主。后者是三幅路，道路宽度大，AR 值集中在宽街谷范围内。街谷流态较单一，各影响因素敏感性较其他工况比相差小。导风和乔木疏密种植为主要控制手段。

Case2 比 Case3 工况除了 AR 值影响显著，其余影响因素权重值接近，敏感性相差小，控制策略可以降低建筑高度为主。Case4 相对前两者来说，受到太阳辐射及人为热源对临街建筑壁面升温作用，风速和温度的敏感性接近，宜利用临街建筑设导风设施影响街谷大气稳定性。前两者大于 Case4 工况的 LAI 值权重值，因为两者距离行道树要相对近。

Case1 工况是对所有测点统计分析得出的权重，对比其他工况结果，风速权重最大，敏感性最强。温度权重大于湿度权重位居第三。CO 排放源强和 AR 权重居于第四、五位，LAI 权重最低。对于来流速度低的街谷污染物控制，风速、温度和湿度的影响大，但是根据 Case1 和 Case5 的对比可以看出，当街道走向处于东西走向时，街谷内污染物扩散依靠 AR 和绿化树种选择。这说明街谷不同工况时，应该充分考虑实际街谷的各项影响因素关系，针对各区域制定控制策略才能降低污染物。

4.1.3　环境影响因素对污染物扩散的作用

将 CO 浓度作为一个合理的示踪气体，在冬季西安，实地测试了 40 街道峡谷。其中 20 东西方向和 20 南北方向。街道的布局，包括 16 个单行车道和 22 三车道。为了研究街道布局上的 CO 浓度分布、风速、温度和相对湿度，AR、LAI 在街道峡谷内进行测定。结果表明，近地面的大气参数对 CO 扩散影响最强，如风速、空气温度和相对湿度的影响，其次为 CO 排放源强度、街道峡谷宽高比和叶面积指数。特别是，近地面大气参数受城市街道走向的影响。

基于 BP 神经网络法获得敏感性分析和权重。对于所有采样点的变量的权重，风速具有最大权重，即最高的灵敏度。由高向低权重的顺序是温度、相对湿度、CO 排放源强、AR 和 LAI。

4.2　生活型街谷空间室内外污染物扩散影响因素

组团建筑处于街谷内时，实际上就是所分类的城市交通峡谷空间和生活型街谷空间。在 4.1 节中详细分析了 8 种工况下组团建筑空间内污染物扩散影响因素的权重和标准化权重排序。上节是对综合作用下的环境参数等影响因素对组团建筑空间（城市交通峡谷）内污染物扩散的影响作用的定量分析，那么本节将更深入地了解直接或间接作用于影响因素的其他因素分析。对于城市交通峡谷空间污染物扩散分析的研究较多，但是城市中不仅仅存在着交通峡谷这样的组团建筑空间，还存在着生活型街谷尤其是在西安这个历史名城中的典型特色传统商业街道。况且这一类建筑多处于城市中心区和紧邻城市古老城墙，城市本底污染物浓度值相对于郊区旅游景点要高。因此，本节通过室内外污染物实验，分析生活型街谷空间中室内外污染物扩散规律。

4.2.1 实验方案

为了掌握生活型街谷中污染物扩散规律特性，以便于分析自然通风时，存在太阳辐射等气候因素的影响，在不同街道走向和单、双边建筑工况下，污染物浓度在风速和温度等影响下的变化趋势。本节选择三条生活型街谷内污染物扩散进行实验分析。

4.2.1.1 测试地点

生活型街谷由于室外为单幅路步行街或者单幅路支路，短期内无大量污染物散发源，或者说只有少量污染源项，室内满足商业功能的前提下，会产生微量炊事污染源向外排放。西安属于历史名城，老城区中存在传统商业街和顺城墙而建立的生活型街谷。相对于传统商业街两侧保有建筑，顺城巷内商业建筑则只有单边有建筑，另外单边为城墙。为了有效对比，测试选取了传统商业街南北走向和东西走向街谷，单边顺城内商业街东西走向街谷，详见图 4-18 ～图 4-21。

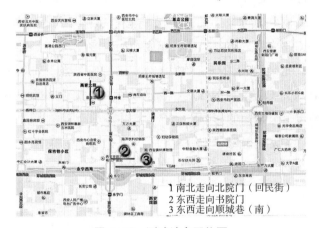

1 南北走向北院门（回民街）
2 东西走向书院门
3 东西走向顺城巷（南）

图 4-18　测试地点区位图

（a）东侧建筑立面图　　　　　　　　　（b）西侧建筑立面图

图 4-19　回民街测试地点图

（a）北侧建筑立面图　　　（b）南侧建筑立面图

图 4-20　书院门测试地点图

（a）北侧建筑立面图　　　（b）室内测点示意图

图 4-21　顺城路永宁门到文昌门段测试地点图

　　生活型街谷测试时间不同于城市交通峡谷和生产型街谷，这种街谷一般受到旅游季节性的影响，夏季游人数量和生活行为相比冬季数量多且活跃。室外空间温度在太阳辐射、人为热、绿化和商业性炊事点源（室外烤肉等考炉）的多重热扰下和污染物源排放强度上都比冬季复杂，而且这个季节游人在室外空间的热舒适性也相比冬季难以调控。因此，选择在最不利的条件下即夏季对生活型街谷污染物扩散予以实验分析。

　　对于每一条测量街谷，基于 3.2.2 节中相同的原因会导致 CO 浓度的空间分布不均匀。因此，选择测试其中不同区域的具体参数以供研究使用。但是，与上节中不同的是，通过在生活型街谷增加室内测试点来分析室内外污染物扩散特性，测试布点详见图 4-22 ~ 图 4-24。

　　测试参数设定和测试仪器除了同前一节 3.1.2.2 中所选择的相同，还包括街谷外壁面温度测试参数以分析室内外热扰对壁面温度的影响范围，从而能够确定街谷室外空间污染物分布模型的边界条件。外壁面温度测试仪器为雷泰牌 ST20 红外线测温仪，人工记录的方式保存数据，每逢整点连续 3 次采样取平均值以减少实验过程中的随机误差，测试精度为 ±1%（图 4-25）。测试高度也同样设定为 1.5m。所有测试仪器在测试前均已标定。

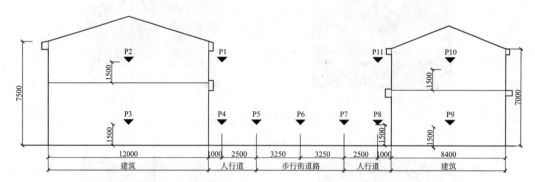

图 4-22　北院门（回民街）测试布点示意图

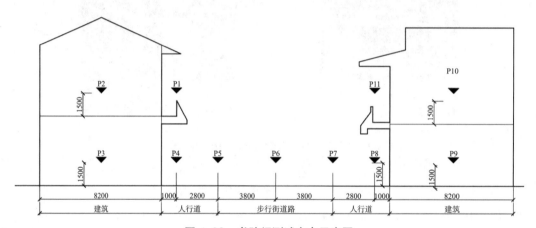

图 4-23　书院门测试布点示意图

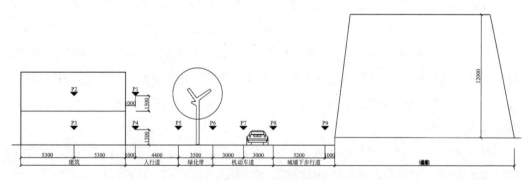

图 4-24　顺城路永宁门到文昌门段测试布点示意图

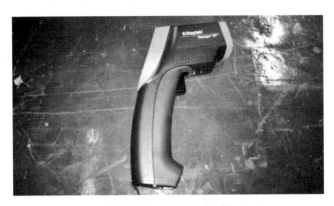

图 4-25　红外线测温仪

4.2.1.2　测试工况

关于生活型街谷实验测试对单幅路传统商业街谷中南北走向、东西走向街谷和顺城路永宁门到文昌门段东西走向街谷的实验时间和测试类型如表 4-5 所示。测试时期处于 2013 年夏季的三伏天中的末伏以内，测试时连续晴天且无云状态。测试小时数以全天游人游览的起始时间为测试时间段（9：30-17：30），每逢整点测试采样三次取平均值记录。

测试时间表　　　　　　　　　　　　　　　　　　表 4-5

工况	测试起始时间	测试地点	街道走向	建筑布局
Case1	2013 年 8 月 18 日 9:30-17:30	书院门	东西走向	双边
Case2	2013 年 8 月 18 日 9:30-17:30	回民街	南北走向	双边
Case3	2013 年 8 月 22 日 9:30-17:30	顺城南路	东西走向	单边

4.2.2　数据处理

实验结果分析首先需要剖析所测试的原始数据是否符合基本的传热传质理论，其次才能根据所设定的不同工况目标予以对比分析，获得室内外污染物扩散规律的实验结论。

4.2.2.1　CO 浓度分析

（1）书院门

Case1 街谷内 CO 浓度随着时间的推移逐渐变小，上午时间段（10：00-14：00）的 CO 浓度最大值为 2.6，出现在测点 3 处即皮影店内 [图 4-26（a）]。室外空间内污染物浓度基本变化不大，相对变化值为 0.2ppm。从中午 12 点起，南侧旅馆室内污染物浓度（测点 9 处）开始大于室外浓度和北侧皮影店室内浓度。上午 CO 浓度值高于中午 CO 浓度值。

下午时间段（14：00-18：00）的 CO 浓度最大值出现在测点 9 处即旅馆室内（图

4-26（b）），北侧皮影店内下午由于开空调，室外空间污染物浓度在下午时间段内变化依旧不大，相对变化值为0.2ppm。下午CO浓度值低于中午CO浓度值。全天白天时段，CO浓度值随着时间的增长而逐渐降低且低于规范限值。只有在16：00时段内，CO浓度值在街谷空间变化异常。因为在此时间段内，温度值最高，造成街谷空间范围内热浮升力的增加，污染物被卷吸过来上升。

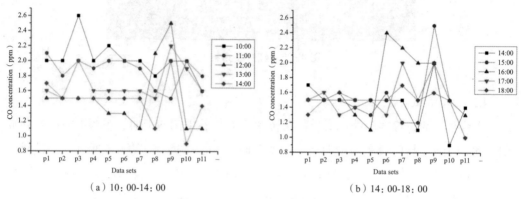

（a）10：00-14：00   （b）14：00-18：00

图4-26　Case1CO浓度测试值

从各测点变化趋势来看，两侧建筑室内污染物浓度均高于室外浓度，因此，在不存在室外污染源的情况下，若室内存有炊事活动，则室内污染物会向外扩散。

（2）北院门（回民街）

Case2街谷内CO浓度随着时间的推移逐渐变大，上午时间段（10：00-14：00）的CO浓度最大值为13.9ppm，出现在测点9处即泡馍店内［图4-27（a）］。室外空间污染物浓度基本变化不大，随着距离泡馍店越近，污染物浓度略有上升，相对变化最大值为8.3ppm。上午CO浓度值低于中午CO浓度值。

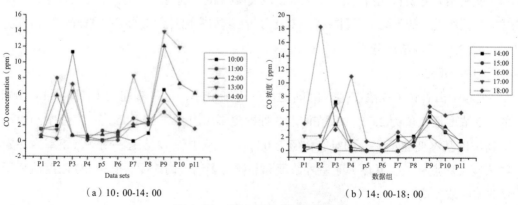

（a）10：00-14：00   （b）14：00-18：00

图4-27　Case2CO浓度测试值

下午时间段（14：00-18：00）的 CO 浓度最大值 18.3ppm 出现在测点 2 处即饭馆室内 [图 4-27（b）]。室内空间污染物浓度由于向室外空间扩散，在测点连续线上呈现双峰变化，相对变化最大值为 10ppm。下午 CO 浓度值高于中午 CO 浓度值。全天白天时段，CO 浓度值随着时间的增长而逐渐增大且部分高于规范限值。在 18：00 时段内，CO 浓度值在街谷空间内最高。这是因为在此时间段内，游人最多，处于就餐时间内，室外烤肉摊等污染物点源造成街谷空间范围内 CO 浓度的增加。

（3）顺城南路

Case3 街谷内 CO 浓度随着时间的推移逐渐降低，上午时间段（10：00-14：00）的 CO 浓度最大值为 8.7ppm，出现在测点 6 处即道路边缘 [图 4-28（a）]。室内外空间内污染物浓度基本变化不大，随着距离道路中心越近，污染物浓度略有上升，相对变化最大值为 6ppm。上午 CO 浓度值高于中午 CO 浓度值。

下午时间段（14：00-18：00）的 CO 浓度最大值 2.8ppm 出现在测点 7 处即道路中央 [图 4-28（b）]。室外空间污染物浓度在下午时间段内随时间增长而减小，相对变化最大值为 1.3ppm。下午 CO 浓度值低于中午 CO 浓度值。全天白天时段，CO 浓度值随着时间的增长而逐渐减小。早上两侧室内污染物和室外污染物浓度水平接近，一般不易发生单向污染物扩散。下午单侧室内污染物和机动车尾气排放污染物向行人区扩散，在临街建筑旁 1m 处发生了叠加的现象，并在下午的 18：00 时段内，该点 CO 浓度值在街谷空间内达到最高值。中午高峰时段和晚上高峰时段，街谷内污染物浓度值最大。这是因为在此时间段内，游人最多，处于就餐时间内，室外烤肉摊和室内灶房等污染物点源造成街谷空间范围内 CO 浓度的增加。

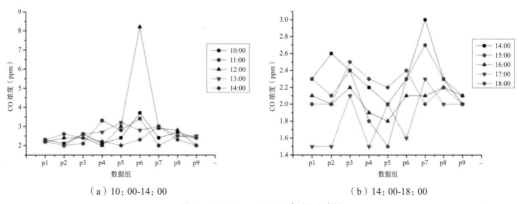

（a）10：00-14：00　　　　　　　　（b）14：00-18：00

图 4-28　Case3CO 浓度测试值

4.2.2.2　环境参数分析

（1）书院门

Case1 街谷风速值早上和中午时刻低于上午中间时间段（10：00-14：00），下午时间段（14：00-18：00）的风速值随时间变化逐渐升高。下午风速值高于中午风速值。全天白天时段，风速值随着时间的增长而逐渐减小，但是中午 14:00 时段的风速值最低（图 4-29）。

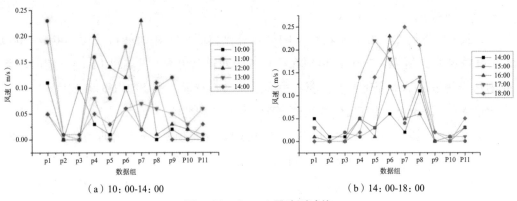

（a）10：00-14：00　　　　　　　　　（b）14：00-18：00

图 4-29　Case1 风速测试值

各测点风速值波动范围在 0.01～0.24m/s 之间，平均值为 0.06m/s。在所有风速测试数据中，风速值均集中于 0～0.3m/s 的微风范围内。

温度值在下午 16：00 点时位于临街建筑旁 1m 处到达最大峰值，建筑室内测点 9 处因为开启空调而处于温度最低值（图 4-30）。

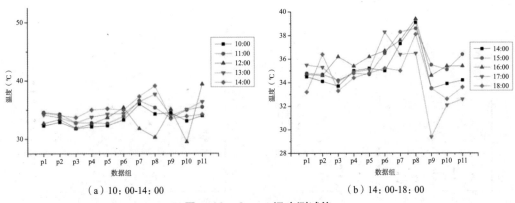

（a）10：00-14：00　　　　　　　　　（b）14：00-18：00

图 4-30　Case1 温度测试值

各测点相对湿度值变化规律为先随着时间变化而逐渐降低直至下午 15:00 点达到最低值后，开始出现逐步上升趋势 [图 4.33（a）]。

（2）回民街

Case2 街谷内风速值上午时间段（10：00-14：00）内 11 点处较其他时段平均值高（图 4-31），下午时间段（14：00-18：00）的风速值随时间变化趋于集中且在临街建筑旁 1m 测点 8 处出现最大值。各测点风速值波动范围在 0.01 ~ 0.3m/s 之间，平均值为 0.16 m/s。在所有风速测试数据中，风速值集中于 0 ~ 0.3m/s 的微风范围多达 95.64%。

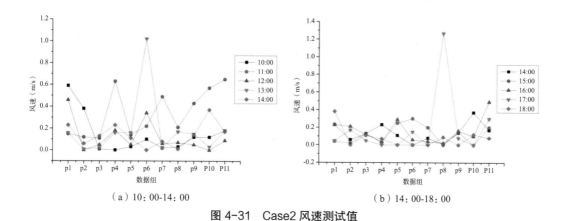

（a）10：00-14：00   （b）14：00-18：00

图 4-31 Case2 风速测试值

温度测试值在 17：00 临街建筑二层室外测点 11 处出现最大值，这是因为此时在该点一层出现烤肉摊等点源污染源（图 4-32）。

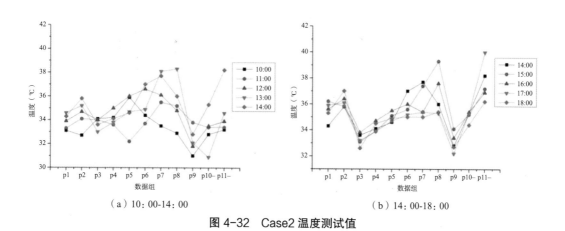

（a）10：00-14：00   （b）14：00-18：00

图 4-32 Case2 温度测试值

各测点相对湿度值变化规律仍旧为先随着时间变化而逐渐降低直至下午 15：00 点达到最低值后，开始出现逐步上升趋势 [图 4-33（b）]。

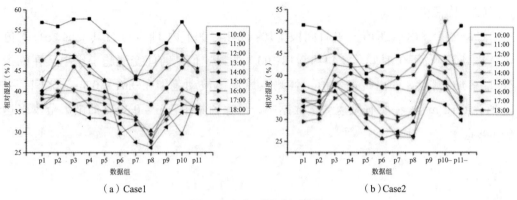

（a）Case1　　　　　　　　　　　（b）Case2

图 4-33　相对湿度测试值

（3）顺城南路

Case3 街谷风速值上午时间段（10：00-14：00）11：00 点处波动范围比较大，在 0.01～0.17m/s 之间（图 4-34），下午时间段（14：00-18：00）16：00 点时的风速值最大。各测点风速值波动范围在 0.01～0.26m/s 之间，平均值为 0.19 m/s。在所有风速测试数据中，风速值集中于 0～0.3m/s 的微风范围多达 92.31%。

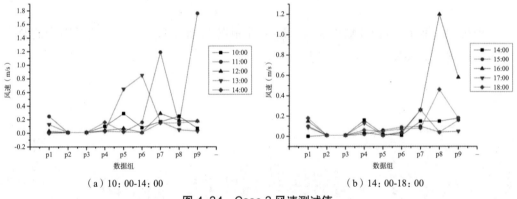

（a）10：00-14：00　　　　　　　　（b）14：00-18：00

图 4-34　Case 3 风速测试值

温度测试值在 17：00 一层建筑室内测点 3 处出现最大值 36.8℃（图 4-35），室内为酒吧未开窗较闷热。下午时间段（14：00-18：00）17：00 点时各测点的温度平均值最小。

各测点相对湿度值变化规律为先随着时间变化而逐渐降低直至下午 14：00 点达到最低值后（图 4-36），开始出现逐步上升趋势。这是因为太阳辐射在此时逐渐变小，温度变低，相对湿度变高。

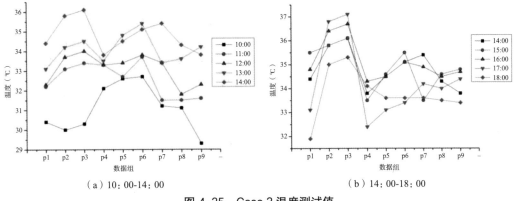

(a) 10:00-14:00　　　　　　　　　　(b) 14:00-18:00

图 4-35　Case 3 温度测试值

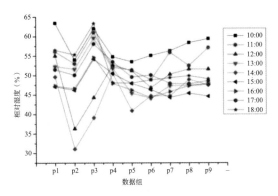

图 4-36　Case 3 相对湿度测试值（14:00-18:00）

4.2.2.3　工况对比分析

（1）不同街道走向

Case1 和 Case2 两种不同的街道走向形式，主要表征的是街谷与风向的角度问题，同时还可以表示受太阳辐射的影响差别所导致的冷、热街谷问题。主要对比不同街道走向下即东西走向街谷 Case1 和南北走向街谷 Case2 工况，在屋顶风速处于微风范围区内（图 4-37）和一天之中太阳辐射对建筑外壁面和街谷下垫面温度最高时刻内，污染物扩散规律。

白天时段内南北走向 Case1 街谷的屋顶风速即来流风速值 87.5% 比东西走向 Case2 街谷的屋顶风速值大。仅有早上 10:00 时，Case2 风速值大于 Case1。风速最大值出现在 Case1 中的 15:00 时段内。风速值变化趋势为随时间先增大后减小。

Case1 两侧建筑壁面和道路下垫面的温度在南侧人行道路面出现最大值（图 4-38），时间是下午 14:00。其中南侧壁面温度高于北侧壁面温度。Case1 和 Case2 的整体街谷内壁面温度平均值最高时刻均是下午 15:00（图 4-39）。Case2 中壁面和下垫面温度值空间分布较 Case1 均匀，且 Case1 的人行道路面温度最高，Case2 屋顶温度高，这正是太阳辐射造成的温升结果。

Case1 和 Case2 的 CO 浓度在街谷内壁面温度和下垫面温度的平均值最高时刻相比较，发现东西走向街道内的浓度值高于南北走向街道内的浓度值（图 4-40），这与上节得出的结论相同，即风难以进入东西走向街道内造成了街道内污染物堆积，污染物浓度高。

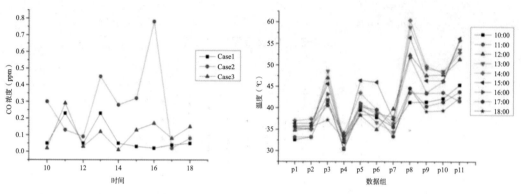

图 4-37　不同街道走向屋顶风速测试值　　　　图 4-38　Case1 壁面和下垫面温度测试值

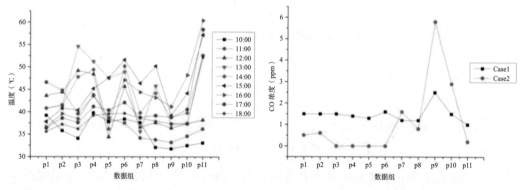

图 4-39　Case2 壁面和下垫面温度测试值　　　　图 4-40　不同街道走向 CO 浓度测试值

（2）单边建筑与双边建筑（同一街道走向）

Case1 和 Case3 是同一种街道走向下两种受热形式。Case1 表示的是双边建筑存在太阳辐射和人为热双重热扰作用下太阳辐射对污染物扩散的影响，Case3 表示的是单边存在建筑，另一边是城墙立面且该墙面主要受太阳辐射影响且墙体材料为蓄热性较好的重质材料，在其壁面加热条件下污染物的扩散规律。

白天时段内同一街道走向的双边建筑 Case1 街谷的屋顶风速即来流风速值与单边建筑 Case3 街谷的屋顶风速值相差少。两者的波动范围均在 0 ~ 0.3m/s 范围之间，风速最大值出现在 Case3 中的 11：00 时段内。

　　Case1 中两边建筑壁面和道路下垫面的温度在南侧人行道路面出现最大值，时间是下午 14：00。Case3 的北侧和南侧建筑温度值平均值接近（图 4-41）。Case1 和 Case3 的整体街谷内壁面温度平均值最高时刻均是下午 15：00。这也是太阳辐射造成的温升结果。

　　Case1 和 Case3 的 CO 浓度在街谷内壁面温度和下垫面温度的平均值最高时刻相比较，发现单边建筑受热街道内的浓度值高于双边建筑受热街道内的浓度值（图 4-42）。

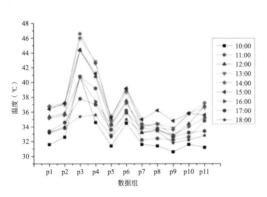

图 4-41　Case3 壁面和下垫面温度测试值　　　　图 4-42　单双边建筑 CO 浓度测试值对比

4.2.3　环境因素对污染物扩散的影响

　　通过 BP 神经网络分析，以环境参数和 CO 源强作为自变量，CO 浓度值作为因变量，得到生活型街谷污染物扩散影响因素权重，如表 4-6。

生活型街谷标准化权重值　　　　　　　　　　　　　　表 4-6

工况	标准化权重（%）			
	排放源排放强度	风速	温度	相对湿度
生活型街谷	100	92.8	92.2	97.7

　　将 CO 浓度作为一个理想的示踪气体，在夏季西安，实地测试了传统商业街南北走向和东西走向街谷，单边顺城南路内商业街东西走向街谷。为了研究街道布局上的 CO 浓度分布，风速、温度和相对湿度在街道峡谷内进行测定。其中 CO 源强权重值最大，相对湿度次之，风速和温度最小。

　　结果表明，机动车尾气是城市组团建筑空间中最大的污染物来源。在没有机动车尾气排放的生活型街谷内，室内污染物在有背景浓度和其他区域带来炊事污染物的影响下，其浓度值会比室外浓度高。街道走向影响到室内污染物浓度，东西走向街道内的浓度值高于南北走向街道内的浓度值。单边建筑由于相对应一边无建筑开口，污染物浓度值高于双边建筑街谷内污染物浓度。这一类型街谷应注意除了加强源强控制，相对湿度控制措施比如绿化情况和水景设置等方面也比较重要。

4.3 工业生产型空间室内外污染物扩散影响因素

工业园区组团建筑空间主要指的是生产型街谷空间。生产型街谷空间中工业建筑不同于民用建筑，按照环境控制手段可以分为两类建筑。一类工业建筑是以采暖、空调方式为主的通常室内无强污染源及强热源的工业建筑，包括电子通信、医药印刷、纺织等行业。二类工业建筑是以通风方式为主的通常室内有强污染源或强热源的工业建筑。一类工业建筑从环境控制手段方面来说与民用建筑中的公共建筑类型接近。与一类工业建筑的通风形式相比，二类工业建筑偏重于热压为主的自然通风方式。二类工业建筑中尤其是单层厂房热加工车间因自身的工艺特点决定了比一般民用建筑中大空间建筑的内热源强度大。因此，在这一类建筑中室内污染物扩散受到热羽流的影响会高于城市大空间综合体建筑所受影响，并且污染物扩散规律也不同于民用建筑室内污染物扩散规律。

4.3.1 实验方案

4.3.1.1 影响因素

当室内污染物处于无组织排放或者因排风罩捕集效率不高而排放至室外空间的那一部分污染物，在室外空间与室内排放余热量所耦合发生的传热传质活动是一项非常复杂的过程。本书欲实验分析工业建筑污染物扩散的影响因素，为扩展模拟工况探寻出合适的边界条件。

（1）环境参数

工业建筑室内污染物一方面受到热源周围所形成的浮力羽流的影响，另一方面还受到大空间中不同工艺流程生产区域中其他热源形式的浮力羽流影响。对于墙体和屋顶来说，通过热源辐射传热和室外太阳辐射的双重辐射传热作用，也会在近壁面处发生气流变化，这些因素都会导致污染物扩散规律发生变化。所以说多热源大空间建筑室内污染物扩散过程是复杂而多变化的。尤其在工业建筑自然通风厂房内的污染物扩散，其室内由于开间大且热源位置和热源强度不同，过长的外壁面在不同长度处室内外温差不同，室内外空气流动时会发生不同的扩散现象。环境参数对生产性街谷室内外污染物的扩散有着重要的影响作用。环境参数包括风速、温度和相对湿度三种参数。

（2）几何特征

生产型街谷的几何特征在理论上是指需要根据各功能性、工艺要求而发生尺度上的设计变化。尺度改变从某种意义上来说势必改变了决定各种流态的无量纲参数，因而对湍流、热羽流、甚至浮射流的流态变化影响深远。如同上节中所述，工业建筑的几何特征同样包括建筑平面布局和具体的几何尺寸大小。

（3）物理特性

工业建筑围护结构的建筑材料物性参数和各构件的物性参数等这些能够决定热源对流传热量、辐射传热量和传导热量等物理量的实质性变化，这些量的变化又会反过来控制或者改变污染物扩散和衰减。物理特性在模拟扩展过程中，可以作为某种定值即同一种材料来减少模型误差。

（4）室内热源和污染源

工业建筑室内热源和污染源是根据该工业建筑内所需进行的工艺流程和方法而给出或产生的。室内热源和污染源形式在工业建筑中还包括了室内热源（污染源）强度，热源（污染源）的尺寸大小，热源密度，热源（污染源）位置的立体变化和平面改变。室内热源和污染源根据工艺，有可能是同一个初始源项尺寸即热量和污染物同时发生向周围空气中散发，也有可能是次发源项状态。不同的布置形式会发生不同的流场，故而室内热源和污染物的初始温度、初始速度影响到污染物浓度空间分布。

4.3.1.2　方案设计

为了掌握工业建筑室内外污染物扩散的规律特性，分析不同区域下速度、温度和污染物浓度变化趋势，本节以室内有强内热源和污染源的工业建筑热加工车间为实验场所，进行日间环境参数和气态污染物参数测试。

（1）实验时间

陕西省西安市属于中国建筑热工区划中的寒冷地区，冬季从每年 11 月 15 日起开始市政供暖，部分城区存在以煤炭燃烧为主的供暖方式，城市污染物背景浓度值偏高。城市大气混合层高度在这一季节也较其他季节偏低，城市逆温现象频现，弱风条件多，污染物不易扩散。因此，选择在最不利的情况下，即处于冬季供暖期和工厂开工期这两个时间段叠合的时间——2014 年 12 月 8 日 11:00-17:00 进行相关测试工作。测试当天天气状况为多云天气。

（2）实验参数

建筑室内、外污染物扩散迁移过程复杂，受到气候条件、室内外环境、建筑布局和建筑外窗开启情况等多样性因素的影响。CO 气体在物体不完全燃烧时产生，且对人体健康危害性大；同时又不易在太阳光下发生反应，化学稳定性较高。考虑以 CO 气体作为示踪气体来进行各污染物浓度演变的测试。气候条件测试参数主要包括测试期内的温度、相对湿度、风速参数。道路宽度、道路两侧厂房的几何结构和窗户尺寸作为影响因素条件分别予以测试。

（3）实验仪器

测试实验使用美国产 TSI7545 空气品质检测仪记录示踪气体浓度值，其 CO 浓度测试范围是 0~500ppm，精度是 3%，分辨率 0.01ppm。采用我国台湾产 TES1341 智能热线式风速计来记录气候条件参数值，其风速测量范围是 0~30m/s，温度测量范围是 -10~60℃，相对湿度测量范围是 10%~95%；测量分辨率分别为 0.01m/s、0.1℃和 0.1%；测量精度分别为 3%、0.5℃和 3%。MR-3A 型辐射热计用于测量辐射热强度参数，这是一种热辐射测试仪器，符合 GB/T4200—1997《高温作业分级标准》。所记录参数辐射热强度的量程为 0~10kW/m²，分辨率达 0.01kW/m²，标定精度是 ±5%。所有仪器使用前已标定。采样 5 分钟内的平均值为采样数据，采样高度均设为 1.5m。

（4）选点分析

测试地点位于西安市红光路南侧，具体测试对象如图 4-43、图 4-44 所示。车间为南北朝向，车间北侧存在辅助性建筑，车间南侧是厂区内辅助生产性建筑。车间东侧为厂区办公建筑，车间西侧为开阔地带。组团建筑空间内主要为热加工车间运送原始材料和成品的道路。

图 4-43　测试地点航拍示意图

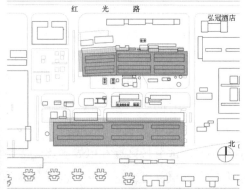

图 4-44　测试地点示意图

组团建筑空间内北侧工业建筑内热加工车间中含有点源、线源和面源类型的强内热源和污染源，见图 4-45 所示。建筑室内某一点源产生的热羽流会卷吸周围空气从而稀释内热源自身产生的污染物浓度，但是如果该点源与其他点源、线源或者面源之间距离接近，同时两污染源之间热源强度或污染物源强有差异时，则热羽流所催动的卷吸空气中可能含有较强污染物反而不能稀释自身所发散出来的污染物浓度或者说污染物在此处发生叠加。因此，基于厂房室内污染物不均匀性分布的特点，在先期调研的基础上，以室内二维水平面网格定点均匀选取 28 个点取其测量平均值以代表室内污染源浓度值（图 4-46）。而且为了比较不同分区 CO 浓度的变化趋势，按照功能分成 4 个测试区取其每一区域的平均值作为室内测点值。

（a）厂区主要道路示意图

（b）组团建筑空间示意图

（c）厂房南立面示意图

（d）厂房北立面示意图

（e）点源污染源形式 1

（f）点源污染源形式 2

图 4-45　厂房室内外测试情况详图

建筑外窗开启情况直接影响到建筑室内、外污染物浓度场分布状况。由于测试厂房南侧是辅助性建筑，而且在测试期内没有使用，也就是说室内没有污染源和热源且门窗全部关闭，则本次实验不设测点在其内。测试期间属于冬季，窗户关闭。在有强内热源和污染源的北侧工业建筑的南侧外窗处，对室外空间按照上述功能分区分别选择中心线上四条测试线。其中每条测试线上在距外窗 1m 处设定 1 个测点后，其余距

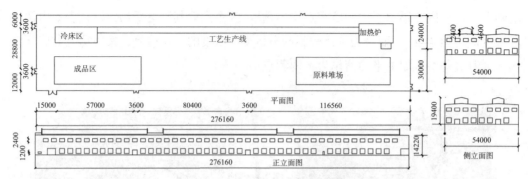

图 4-46　厂房室内功能区示意图

离分布 5 个测点，共计 7 个测点，予以环境参数的同步测试，详见测试布点示意图（图 4-47）。本次实验室内环境参数分工作状态和非工作状态于上午和下午各进行一次采样，各测试数据均同步测试记录。室外环境参数则是从上午 11：00 至下午 17：00，每逢 2 小时采样一次，各测试数据均同步记录。

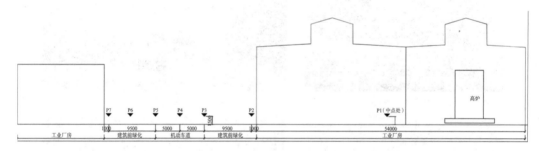

图 4-47　测试布点示意图

4.3.2　数据处理

4.3.2.1　室内环境参数

根据室内环境参数测试数据（见图 4-48 ~图 4-52），在上午工作状态 11：00 时刻，室内温度最大值 24℃，最小值 5.8℃，平均值 11.49℃。风速最大值 3.43m/s，最小值 0.14m/s，平均值 0.52m/s。CO 浓度最大值 5ppm，最小值 1.6ppm，平均值 2.54ppm。在下午非工作状态下 17：00 时刻，室内温度最大值 15.3℃，最小值 6.8℃，平均值 9.825℃。风速最大值 8.19m/s，最小值 0.01m/s，平均值 0.47m/s。CO 浓度最大值 0.8ppm，最小值 0ppm，平均值 0.06ppm。温度最大值出现点也正是相对湿度最小值的出现点。实验测试中发现室内由于工艺操作流程导致强内热源和污染源类型不同，包括了点源、面源、点源 + 线源三种类型组合的多源情况，其中热源部分对周围环境辐射不均匀性导致温度分布不均匀，风速和浓度分布复杂。

风速测试值除了在门口处出现当前时刻最大值外，其余时刻都比较平稳处于静风区段内（见图 4-48）。分析图 4-49，11：00 时刻温度在测点 5 处由平稳逐渐上升，至最高值波峰处后下降至 13 测点处，又趋于平稳至 20 测点处后呈现下降趋势。相比较 17：00 时刻，非工作状态下温度值变化与 11：00 时刻出现变化相反的趋势。辐射热强度的变化趋势大致同温度变化趋势（图 4-53）。因此，将测试段按照功能分区和测试值的变化趋势是吻合的，室内外环境参数具有可比性。观察图 4-51，当热源存在时，CO浓度存在，否则就只有点源煤球炉的散发量存在。

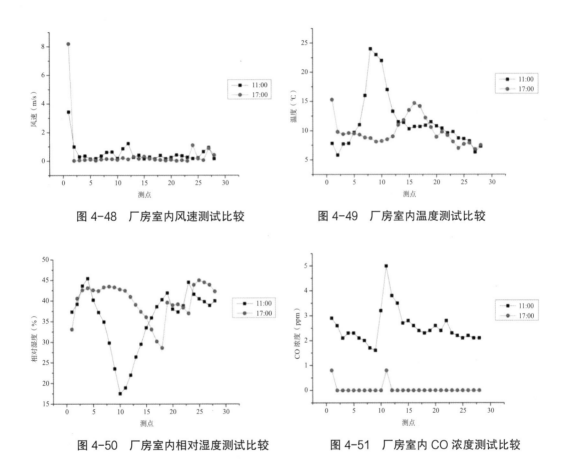

图 4-48　厂房室内风速测试比较　　　　　图 4-49　厂房室内温度测试比较

图 4-50　厂房室内相对湿度测试比较　　　图 4-51　厂房室内 CO 浓度测试比较

据图 4-50 可分析，随着室内温度的增高相对湿度值降低，与室内温度呈相反的变化趋势。与 CO 浓度也成相反的变化趋势。

不均匀系数指标用来评价工业建筑室内气流组织的差异性，不均匀系数越小，气流分布的均匀性越好。测试地点中速度不均匀系数 K_u 和温度不均匀系数 k_t 在 11：00 和 17：00 时分别为 1.22、0.41 和 3.17、0.23。11：00 时刻的速度不均匀系数低于 17：00 时刻，但是温度不均匀系数高于 17：00 时刻。借鉴上述指标，当厂房内作业人员工作

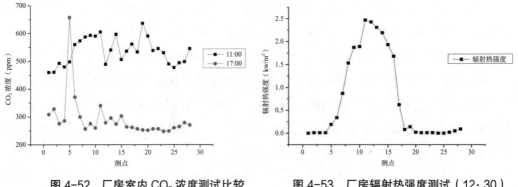

图 4-52　厂房室内 CO_2 浓度测试比较　　　图 4-53　厂房辐射热强度测试（12:30）

状态以保持站立工作状态最多时，衡量大空间厂房无组织排放污染物分布不均匀性指标为作业人员最为关心的站立姿态呼吸带高度 1.5m 处的平面内污染物不均匀系数 K_c，其值越小说明污染物扩散越均匀，稀释越快，也越容易排放出去。计算公式也如温度计算公式，详见如下公式（4-1）、（4-2）和（4-3）。

$$\overline{C} = \frac{\sum_{i=1}^{n} c_i}{n} \quad\quad （4-1）$$

$$\sigma_c = \sqrt{\frac{\sum_{i=1}^{n} (c_i - \bar{c})^2}{n}} \quad\quad （4-2）$$

$$k_c = \frac{\sigma_c}{\bar{c}} \quad\quad （4-3）$$

其中，c_i 指的是在 i 点的 CO 浓度测试值，ppm；n 指的是测点个数；σ_c 指的是均方根偏差；$\bar{c}$ 指的是 CO 浓度平均值，ppm；K_c 指的是不均匀系数。室内测试值代入计算式后，在 11:00 和 17:00 时刻，CO 浓度不均匀系数计算结果为 0.26 和 3.53，CO_2 浓度不均匀系数计算结果为 0.09 和 0.26。数据分析表明污染物浓度分布不均匀性在室内有内热源时好于室内无内热源时，即室内有内热源时促进污染物扩散。

4.3.2.2　室外环境参数

室外环境参数受到气象条件和室内环境的影响。一方面在同一时刻不同测试区域内工况下，比较各区域所对应的室外环境参数测试值来分析室内环境参数不均匀性分布特性下，室外环境参数变化规律。另一方面在同一测试区域不同时刻工况下，比较各区域所对应的室外环境参数测试值以分析室外环境参数随时间变化规律。

（1）同一时刻不同区域测试

在 11:00 时刻，D 区 CO 浓度高于 A 区，C 区高于 B 区低于 A 区[图 4-54（a）]。5、6、7 测点在此时刻趋于稳定。A 区在靠近厂房一侧 CO 浓度高于其他测点，且呈下降趋势后逐渐稳定。C 区变化稳定，B 区是先逐渐上升后趋于稳定趋势。在 13：00 时刻，仍旧是 D 区最高且呈先升高后减低型。A 区先升高再减低后又升高，与 B 区恰好呈相反变化趋势。C 区变化范围比较平稳，只是在测点 4 道路中央处比其他测点高 0.2ppm[图 4-54（b）]。15：00 和 17：00 时刻，CO 浓度变化趋势接近 [图 4-54（C）和图 4-54（d）]。除了 C 区，因为道路中心处有车辆通行而浓度高于其他区，在测点 4 处呈波峰状。整体来看，D 区和 C 区随着时间的改变发生相反的变化趋势。随着室内 CO 浓度的增大而增大，并受室外道路交通量的影响，CO 浓度在不同区域内变化趋势较为一致，最大变化值为 0.7ppm。只有中午 13：00 时刻除外，CO 浓度变化有下降趋势（D 区），也有波谷趋势（A 和 B 区）。

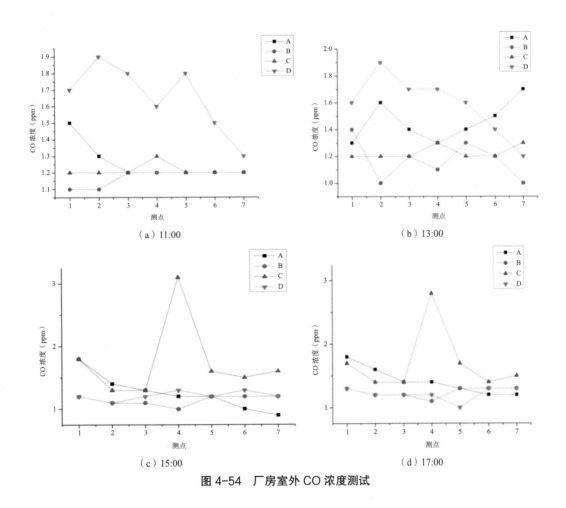

图 4-54　厂房室外 CO 浓度测试

在 11：00 和 13：00 时刻，C 区 CO_2 浓度随着远离窗口而逐渐减低，下午时段内 D 区 CO_2 浓度逐渐上升，受道路交通量影响在道路中央和靠近南侧建筑处升至最高点，A 区浓度值最低（图 4-55）。CO_2 浓度在不同区域内变化分上午时段和下午时段，各

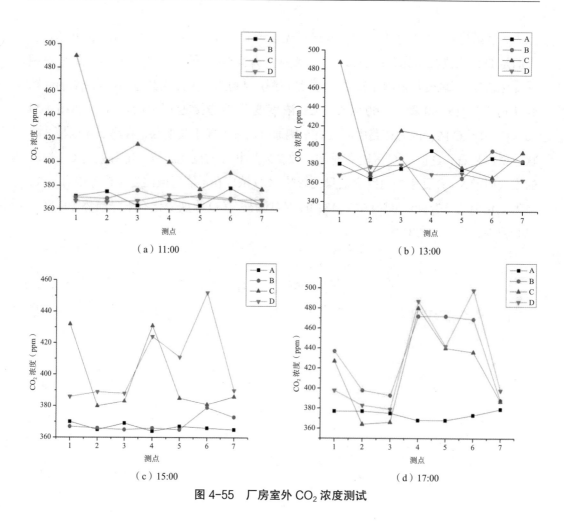

（a）11:00   （b）13:00

（c）15:00   （d）17:00

图 4-55   厂房室外 CO_2 浓度测试

自趋势变化较为一致。上午时段内基本趋于稳定状态，下午时间段内同区域内变化波动范围比较大，最大值和最小值的差值为53ppm。

风速值在测试时间段内变化平稳（见图4-56），波动范围在 0～0.3m/s 之内。11:00时刻和13:00时刻的变化趋势一致，仅 A 区和 B 区测试值在测点 4 处略有上升。15:00和17:00时刻变化趋势大致一致，除了前者在近墙面的值较低。

温度值变化趋势整体比较平稳，上午时段内 C 区室外温度值高于其他区，下午时段内 A 区室外温度值高于其他区（图4-57）。温度测试值按照从大到小排序，在上午时段内为 C、A、B 和 D，下午时段内为 A、B、C 和 D。

室外相对湿度变化规律性强（图4-58），上午时段内从大到小排序为 A、B、C 和 D 区。下午时段内从大到小排序与上午时段相反，为 D、C、B 和 A 区。在11:00和13:00时刻，D 区相对湿度呈上升趋势。在13:00时刻，C 区相对湿度呈现小范围波动，波动值为31%～33%。

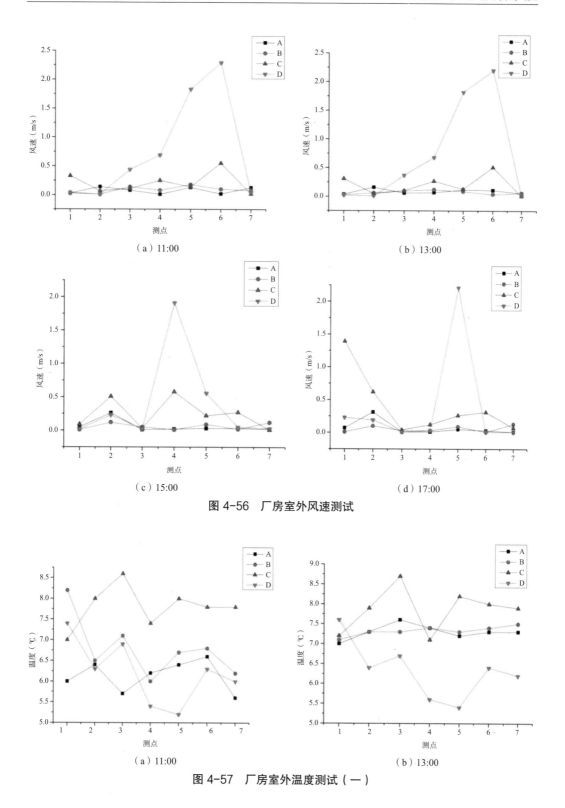

（a）11:00　　　　　　　　　　　　（b）13:00

（c）15:00　　　　　　　　　　　　（d）17:00

图 4-56　厂房室外风速测试

（a）11:00　　　　　　　　　　　　（b）13:00

图 4-57　厂房室外温度测试（一）

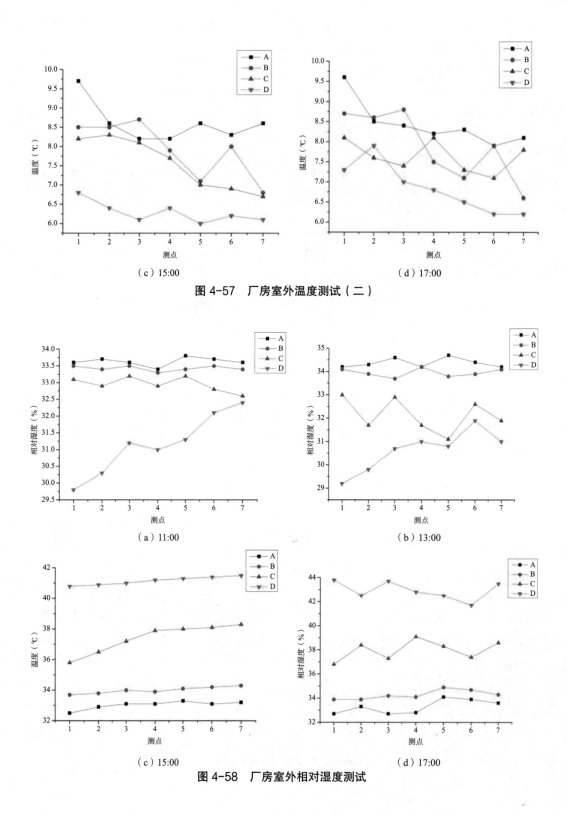

（c）15:00 （d）17:00

图 4-57　厂房室外温度测试（二）

（a）11:00 （b）13:00

（c）15:00 （d）17:00

图 4-58　厂房室外相对湿度测试

（2）同一区域不同时刻测试

A 区随时间变化各测点 CO 浓度值主要为逐渐下降趋势（图 4-59）。13：00 时刻的测试值高于其他时刻，道路中央测点 4 处浓度值最低，并以此点作为波谷值呈现两侧对称型。B 区 CO 浓度值在 15：00 和 17：00 时刻的变化趋势一致，在测点 4 处道路中央出现最低值 1.1ppm，该点两侧测试值趋于稳定状态。同时两者 1～3 测点和 5～7 测点稳定值分别位于 1.1、1.2ppm 和 1.2、1.3ppm。13：00 时刻 CO 浓度测试值波动较大。C 区 CO 浓度值随时间变化为逆序排列，D 区 CO 浓度值随时间变化为正序排列。全天白天时间段内 A 区和 B 区 CO 浓度值随时间变化趋势多样，而 C 区和 D 区 CO 浓度值随时间变化呈递增或递减规律。

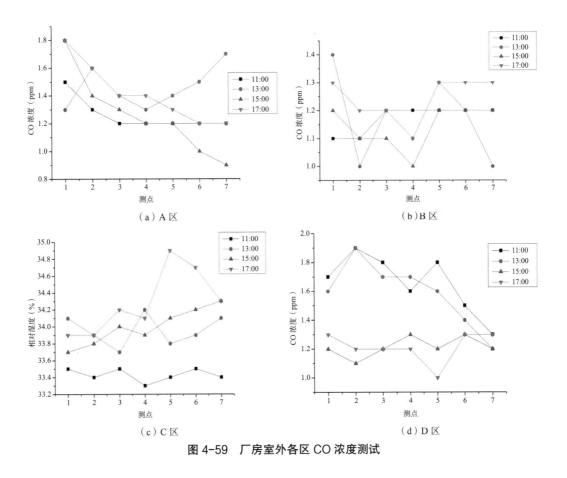

（a）A 区　　　　　　　　　　　（b）B 区

（c）C 区　　　　　　　　　　　（d）D 区

图 4-59　厂房室外各区 CO 浓度测试

各区 CO_2 浓度值随时间变化趋势多变（图 4-60）。但是在 17：00 时刻，其 CO_2 浓度值均为最高值，波动范围也最大。所有测点值比对，在测点 4 处浓度值升高或为全天时段最大值，在测点 5 和 6 处的浓度值高于其他点测试值。近厂房墙面测点 1 处浓度值高于测点 7 处。

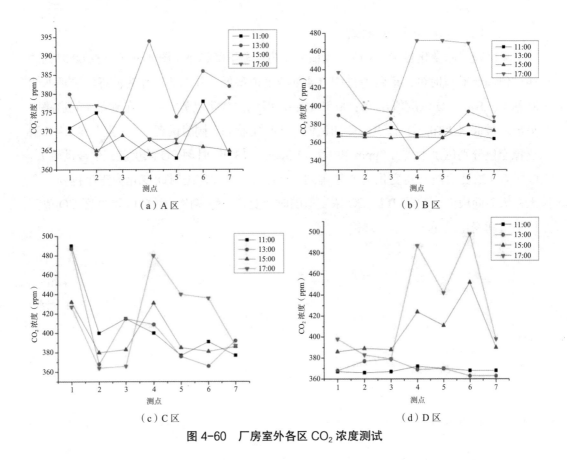

图 4-60 厂房室外各区 CO_2 浓度测试

各区风速值随时间变化趋势比较复杂多变，波动范围广（图 4-61）。在下垫面为草坪的测点 3 和 5 处风速会增大。在迎风面测点 7 处的风速也出现增大现象。

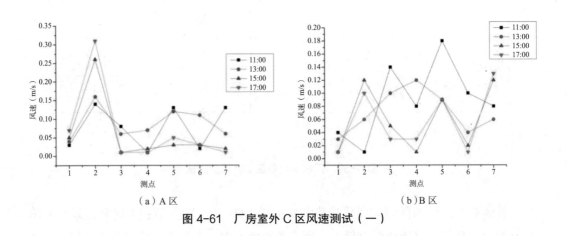

图 4-61 厂房室外 C 区风速测试（一）

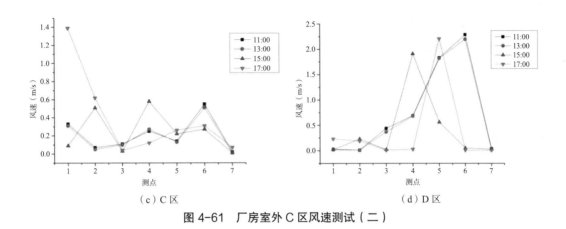

（c）C 区　　　　　　　　　　（d）D 区

图 4-61　厂房室外 C 区风速测试（二）

　　各区随时间变化各测点温度值趋势主要为递减趋势，这是因为测点从近厂房外壁面处向另一侧附属性建筑无内热源外壁面延伸（图 4-62）。在 A、B、D 区，11：00 时刻的温度值低于其他时刻，只有在 C 区由于 17：00 时刻停止生产而导致温度值降低。D 区测试值随时间变化呈现逆序状况。

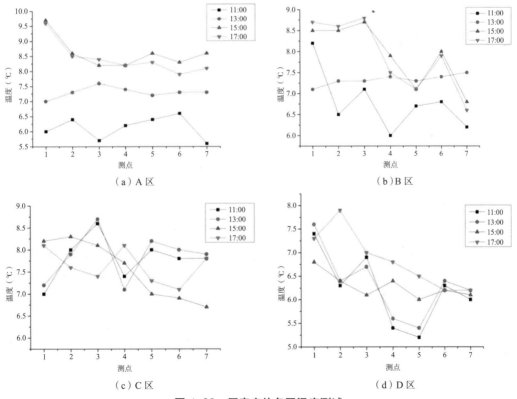

（a）A 区　　　　　　　　　　　（b）B 区

（c）C 区　　　　　　　　　　（d）D 区

图 4-62　厂房室外各区温度测试

各区随时间变化各测点相对湿度值趋势主要为递增趋势，这是因为测点从近厂房外壁面处向另一侧附属性建筑无内热源外壁面延伸（图4-63）。在A和C区，13：00时刻的测试值低于其他时刻，在B和D区11：00时刻测试值最低，测试值随时间变化呈现逆序状况。

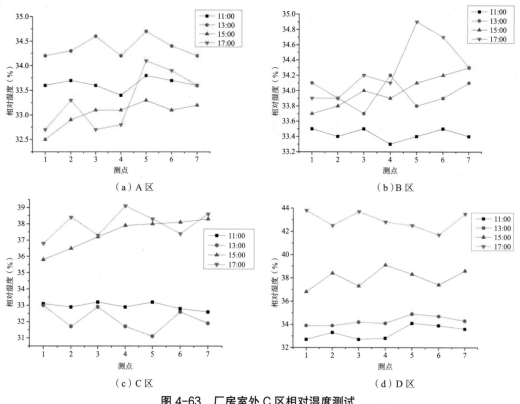

（a）A区　　　　　　　　　（b）B区

（c）C区　　　　　　　　　（d）D区

图4-63　厂房室外C区相对湿度测试

4.3.2.3　室内外环境参数

在11：00时刻，CO浓度值随着室内测点向室外测点呈现逐渐递增趋势（图4-64）；在17：00时刻，由于室内停产，室内浓度低于室外浓度，室外浓度各测点浓度值比较接近（图4-65）。但是在C区出现道路中心测点处浓度高的现象，这是因为有机动车装载货物路过此处。风速值为室内风速值大于室外风速值的趋势占62.5%。室内温度值和相对湿度值大于室外相应值的趋势占75%。CO_2浓度测试值在11：00时刻，室内值均高于室外值。但在17：00时刻，室内值均低于室外值。

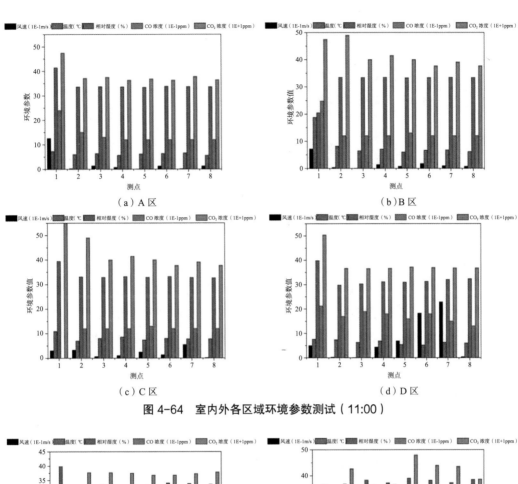

图 4-64　室内外各区域环境参数测试（11:00）

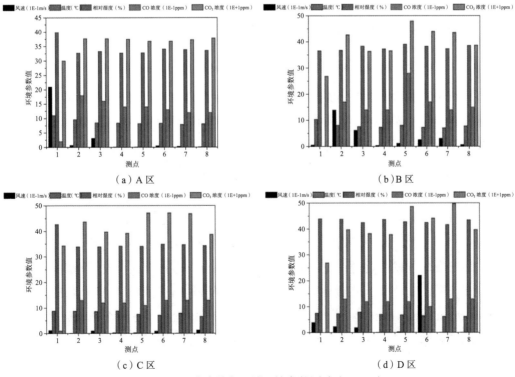

图 4-65　室内外各区域环境参数测试（17:00）

4.3.3　环境因素对污染物扩散的影响

通过 BP 神经网络分析,以环境参数和 CO 源强作为自变量,CO 浓度值作为因变量,得到工业生产型空间污染物扩散影响因素权重,如表 4-7。

工业生产型空间标准化权重值　　　　　　　　　　　　表 4-7

工况	标准化权重(%)			
	排放源排放强度	风速	温度	相对湿度
工业生产型空间	33.5	100	70.6	82.4

在冬季西安,实地测试了南北朝向工业建筑厂房的室内污染物浓度分布,同步测量了室外气候参数。其中风速权重值最大,相对湿度次之,温度和排放源排放强度最小。

结果表明,工业建筑热加工车间内污染物分布受热源(污染源)强度、热源(污染源)密度和热源(污染源)方式的影响。在大空间建筑长度方向上出现明显温度分区且污染源与热源为同一源项的情况下,出现 CO 和 CO_2 浓度分区的现象。在室外没有机动车通过或交通量小时,室内浓度大于室外浓度,并会向室外扩散。在室外空间中,风速影响因素最重要,相对湿度因素次之。

4.4　单体建筑室内外污染物扩散影响因素

4.4.1　实验方案

在室内外空间内均含有污染物散发源时,有别于室内或者室外空间内存放有单一散发源项的污染物扩散规律。室内不仅保留有自身的初始浓度,也会与室外污染物在室内发生混合。为了了解室内外污染物双向扩散全天日变化规律,选择在室内外均放置有等流量散发源项时,分析室内外浓度比随时间的变化趋势。

4.4.1.1　测试方法

示踪气体常见的释放方法有三种,分别是脉冲法、上升法和下降法。脉冲法(pulse method)是在一极短时间间隔内,在释放点释放少量的示踪气体,记录测量点处示踪气体的浓度随时间的变化过程;上升法(step-up method)是释放点连续释放固定强度源的示踪气体,记录测量点处示踪气体浓度随时间的变化过程;下降法(或衰减法)(step-down or decay method)是指在房间中的示踪气体的浓度达到平衡状态之后,停止释放示踪气体,记录测量点处示踪气体浓度随时间的变化过程。

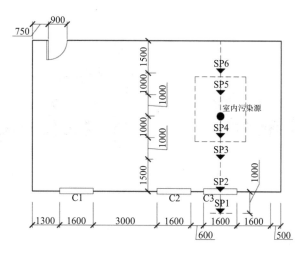

图 4-66 测点布置图

本次实验采用示踪气体上升法，选择建筑处于冬季供暖期内时，室内存有内热源的情况下——即加大了室内外温差的条件下，分析污染物随时间变化的趋势。正式测试之前多次试测测试地点环境参数，发现由于采暖而产生的内热源使得室内温度基本维持在 18℃，室内外的温差处于 10 ~ 14℃范围内，室内辐射热强度数值平均值为 20W/m²。本次实验时间为 2015 年 3 月 3 日 7: 00 ~ 2015 年 3 月 4 日 6: 00，处于放假期间，室内无人员逗留的情况下，昼夜全天候监测环境参数中温度、相对湿度、风速和污染物浓度。实验选择在窗户中心处室内外延长线上布点，室外延伸 1m 处放置室外散放点，室内中点处放置室内散放点。实际布点详见图 4-66。

示踪气体选择为 SF_6，该气体是一种惰性气体，具有无毒、不燃及无腐蚀性和化学性质稳定的特点。在实验过程中，保持窗户的开启和门的关闭，并确保测量场地内不受室内活动人员的影响。

4.4.1.2 实验仪器

设备使用瑞典 Innova 1303 多点释放和采样仪（图 4-67）、红外光声谱气体监测仪 1412（图 4-68）和软件 7620。实验仪器可同时采集 6 个测点浓度，同时放置两个散放点。释放系统可以提供一个连续的示踪气体释放，可以选择在一段时间内不间断的示踪气体流；或者选择不连续的释放。本次试验在 24h 内不间断释放示踪气体，保证室内稳定状态下，随着室外气象参数变化，分析室内外污染物浓度变化趋势。采样间隔时间是每逢 6 分钟采集一次，取每小时样品平均值作为测试数据记录，以减少测量误差。

图 4-67 Innova 1303 多点释放和采样仪

图 4-68 红外光声谱气体监测仪 1412

4.4.2 数据处理

在全天持续不断的测定过程中，室内和室外所测试的 6 个测点中，室内测点 SP4 处污染物浓度值明显高于其他测点的浓度值（图 4-69），SF_6 浓度排序从大到小为 SP4、SP3、SP5、SP6、SP2 和 SP1。这说明在 SP4 点处室内和室外污染物浓度出现叠加现象。

整个测试时段内浓度最高值在室内 SP4 测点处的上午 8：00 出现，整个测试时段内浓度最低值在室外的拂晓 5：00 时刻 SP1 测点处出现。室外 SP1 点最高浓度值在下午 15：00 时刻出现。SP4 点在白天时段内呈脉动式波动，在夜晚时段内变化比较平稳。最低值在上午 10：00 时刻，最高值在上午 8：00 出现，波动比较明显。其余测点的测试值集中在 7 ~ 9ppm 之间波动。

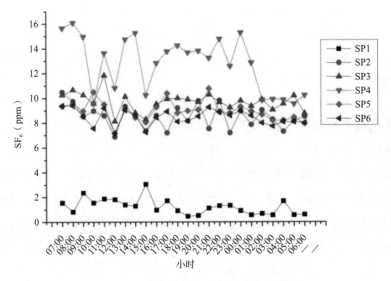
图 4-69 室内外 SF_6 浓度日变化趋势图

　　测试期间，室外温度值在 14：00 时刻达到最高值，早上 6：00 时刻为最低值。室内温度值一直维持在 19℃附近（图 4-70）。室外相对湿度测试值在 14：00 时刻达到最低值，在凌晨 0:00 时刻达到最高值。室内相对湿度测试值在下午 17:00 时刻为最高值，在早上 7:00 时刻为最低值（图 4-71）。风速测试值室内测点测试值保持在无风状态下。室外测试值在 0～0.3m/s 的范围内波动，最高值出现在早上 4：00 时刻（图 4-72）。

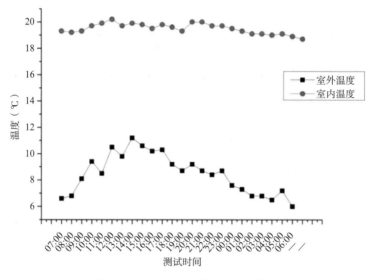

图 4-70　室内外温度日变化趋势图

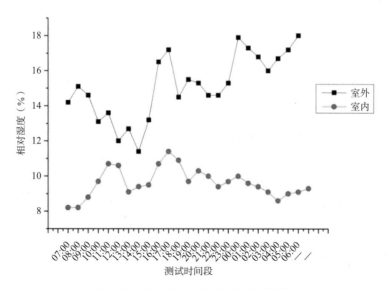

图 4-71　室内外相对湿度日变化趋势图

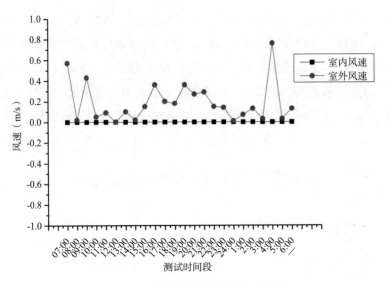

图 4-72　室内外风速日变化趋势图

4.4.3　室内外污染物扩散影响因素

通过 BP 神经网络分析，以环境参数和 CO 源强作为自变量，CO 浓度值作为因变量，得到单体建筑室内外污染物扩散影响因素权重，如表 4-8。

单体建筑室内外空间标准化权重值　　　　　　表 4-8

工况	标准化权重（%）			
	排放源排放强度	风速	温度	相对湿度
单体建筑室内外空间	78.1	90.7	100	93.4

在冬季西安，实地测试了单体建筑室内外污染物浓度分布，同步测量了室外气候参数。其中温度权重值最大，相对湿度次之，风速和排放源排放强度最小。SF_6 作为实验示踪气体被使用于冬季供暖期房间内。房间温度保持稳定状态时，室外气象因素是影响室内外污染物扩散的主要影响因素。室外风速大时，室内污染物浓度高。早上 7：00 室外温度最低时，污染物浓度最高。室外相对湿度大时，室内外污染物浓度低。这一类型建筑空间，温度控制最重要，其次是相对湿度、风速和排放源排放强度。

4.5　不同类型建筑空间污染物扩散特性分析

4.5.1　不同类型组团建筑空间

由于建筑功能性的要求，三种类型的组团建筑空间和单体建筑室内外空间，在建筑规模和建筑体量方面差异较大，不宜对其浓度的差异比较分析。但是可以通过 BP 神经网络分析得到各影响因素的权重，以便为后续数值模拟研究提供清晰而准确的边界条件扩展参数。

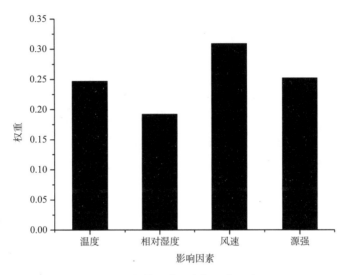

图 4-73　街谷影响因素权重值示意图

通过图 4-73 分析所列出来的四种工况下标准化权重值。其中，风速权重最大，源强次之，温度和相对湿度后之。综合排序，源强属于在规划设计中选址所需要注意的因素，在模拟中可以考虑作为统一项设计。风速和温度主要依赖于城市气象因素，在规划设计中，可以用组团建筑走向表征风向影响因素，风速以统一值设计。温度是由于不同城市地理位置的不同，太阳辐射造成的差异，控制手段可以是组团建筑走向和乔木设置。因此，模拟分析参数设置可以看作绿化情况、风向投射角和不同城市或城市不同区域。另外，不同类型建筑空间中因为建筑类型和建筑规模的不同，首要区别的主要指标——组团形状因子也应作为模拟扩展参数考虑。

4.5.2　不同窗户类型

（1）空气温度与相对湿度值

空气温度与相对湿度是影响环境质量的重要参数，空气温度值的大小直接影响污染物的传输与扩散，同时室内外空气温差的变化一定会影响到室内流场分布。当白天受太阳辐射影响，近地层气温升高，地面热空气上升，空气湍流交换强，加强了街道内污染物向室内扩散情况；在夜间，近地层气温低，气流下沉，湍流程度减弱，污染物向室内扩散量减小。

相对湿度值也直接影响到污染物浓度分布，当相对湿度值过大时，空气中的污染物易溶于空气的水分中，由于重力因素，使污染物积聚，影响污染物扩散。因此，测试空气温度与相对湿度值是研究污染物扩散的必要条件。在测量空气温度与相对湿度值时要注意减少仪器误差，并且避免仪器周围有人工热源的干扰。

（2）气流速度值

气流速度是影响空气中污染物扩散的另一主要因素。风速的大小直接影响到室内外污染物浓度分布形式及大小。风对污染物有稀释和输送作用，当风速较大，对污染物的输送能力就增强；当风速较小，下风向污染物就会积聚且滞留时间较长。在西安过渡季节城市背景风速较小的情况下，室内外的热力紊流、湍流等多种气流形式对污染物的扩散起着重要作用。因此，测试风速值是研究室外污染物向室内扩散情况的重要条件。在测量风速值时要尽可能排除其他因素的干扰，如树木的遮挡、建筑构造物干扰等，选择开阔的区域。

（3）污染物浓度值

目前，城市最主要的污染源之一为城市机动车产生的污染。在美国，城市各类总污染物中汽车排出污染物所占比例为：氮氧化合物为 50%、一氧化碳为 80% ~ 90%、碳氢化合物为 40% ~ 50%。欧洲与亚洲的情况与美国类似。由此可见，室外污染气体主要是汽车尾气，在汽车尾气的各组分中，一氧化碳含量最高且性质最稳定，对人体的危害也最大。所以，选择一氧化碳为污染物扩散和传播的示踪气体。按照相关国家标准规定，当室内一氧化碳 8h 内超过 103/ mmg，即可认为室内一氧化碳含量超标。

（4）街道内车流量

车流量的大小直接影响到污染源的强度，其数值的大小与交通状况有密切关系，进而决定着污染物浓度分布。在测量车流量时假定每小时内车流量均匀分布，且双向车道车辆均匀分布，车流量的测量采用人工统计的方法，每个整点人工统计十分钟内车流量，以此车流量的数据来估算每小时通过街道的车流量。在统计车流量的同时，需要对车辆类型比例进行人工统计，每整点统计十分钟内车型比例，取其平均值作为样本估算每小时街道内车型比例。

（5）窗户类型

窗户类型是影响环境质量的重要参数。不同材质窗户、窗户开口形式、窗户开启形式、窗户通风口形式以及窗户安装位置、窗户尺寸大小都影响到气流组织形式的变化。

第5章
城市街谷空间室内外污染物扩散数值模拟

城市街谷空间室内外污染物扩散问题实验分析是从理论分析的角度或者真实情况下发现问题，从而找到问题症结所在的手段之一。但是倘若需要对在设计师们方案设计之初所面对的大量工况设计方案优选时，数值模拟以其理论发展成熟，使用省时、省力，便宜和方便的特点成为较好的解决途径。

通过 CFD 计算流体动力学手段，经过计算结果与相应的实验数据验证，根据数值模拟边界条件设定物理简化模型及湍流模型等参数，可以以无量纲浓度作为衡量指标得出优选组团方案和单体建筑设计方案。

5.1 数值模型

组团建筑空间内因为太阳辐射和人为热所造成的浮升力作用，大气环境参数中风速的对流作用，温度和相对湿度对扩散速率的作用使得街谷内污染物扩散问题复杂而多变。数值模拟可以使得工况多样并保持在其他条件不变的情况下，逐一改变其中一项参数来模拟比较对污染物扩散的影响。

目前数值模拟一般采用 CFD 软件。CFD 模式主要是运用计算流体力学的方法解决工程上的问题。实际工程上所遇到的问题受到多种复杂因素综合影响。湍流流动是一种广泛存在于组团建筑空间内的流态，具有涡旋性、输运性、随机性、耗散性和瞬时性特点。

数值模拟遵循流体流动要满足质量守恒、动量守恒、能量守恒方程。

（1）质量守恒方程（连续性方程）：

$$\frac{\partial \rho}{\partial t} + \frac{\partial(\rho u_x)}{\partial x} + \frac{\partial(\rho u_y)}{\partial y} + \frac{\partial(\rho u_z)}{\partial z} = 0 \tag{5-1}$$

（2）动量守恒方程：

该方程反映了流体流动过程中的动量守恒性质，该方程的本质是满足牛顿第二定律，流体微元所受到的合外力等于流体微元的动量对时间的变化率，该方程反映的是流体微元所受合外力与惯性力之间的平衡。将流体微元分别在三个坐标方向上应用牛顿第二定律并引入牛顿切应力公式，可得到 x、y、z 三个方向的动量守恒方程：

$$\frac{\partial(\rho u_x)}{\partial t} + div(\rho u_x \vec{u}) = -\frac{\partial p}{\partial x} + \frac{\partial \tau_{xx}}{\partial x} + \frac{\partial \tau_{yx}}{\partial y} + \frac{\partial \tau_{zx}}{\partial z} + \rho f_x \tag{5-2}$$

$$\frac{\partial(\rho u_y)}{\partial t} + div(\rho u_y \vec{u}) = -\frac{\partial p}{\partial y} + \frac{\partial \tau_{xy}}{\partial x} + \frac{\partial \tau_{yy}}{\partial y} + \frac{\partial \tau_{zy}}{\partial z} + \rho f_y \tag{5-3}$$

$$\frac{\partial(\rho u_z)}{\partial t} div(\rho u_z \vec{u}) = -\frac{\partial p}{\partial z} + \frac{\partial \tau_{xz}}{\partial x} + \frac{\partial \tau_{yz}}{\partial y} + \frac{\partial \tau_{zz}}{\partial z} + \rho f_z \tag{5-4}$$

其中，p 为流体微元体上的压力（Pa）；τ_{xx}、τ_{xy} 和 τ_{xz} 是因分子粘性作用而产生的作用在微元体表面上的粘性应力 τ 的分量；f_x、f_y 和 f_z，分别为 x、y、z 三个方向的单位质量力（m/s²），当质量力只有重力，且 z 轴竖直向上，则 $f_x = f_y = 0$，$f_z = -g$。

（3）能量守恒方程：

能量守恒定律本质是热力学第一定律，反映了流体流动过程中能量守恒的基本性质。对流体中的微元体应用能量守恒定律：微元体中能量增加率＝进入微元体的净热流量通量＋表面力对微元体所做的功。

$$\frac{\partial(\rho T)}{\partial t} + div(\rho \vec{u} T) = div\left(\frac{k}{c_p} gradT\right) + S_T \tag{5-5}$$

式中，c_p 是比热容，T 为温度，k 为流体的传热系数，S_T 为流体的内热源及由于粘性作用流体机械能转换为热能的部分，有时简称 S_T 为粘性耗散项。

（4）组分质量守恒方程：

$$\frac{\partial(\rho C_s)}{\partial t} + div(\rho \mu C_s) = div(D_s grad(\rho C_s)) + S_s \tag{5-6}$$

其中 C_s 为组分 S 的体积浓度，ρC_s 是该组分的质量浓度，D_s 是该组分的扩散系数，S_s 为系统内部单位时间内单位体积通过化学反应产生的该组分的质量，即生产率。

根据上述对 CFD 软件中通用数值模型的详细分析描述，确定对街谷组团建筑空间模型选择合适的数值模型，即在做街谷建筑空间数值模拟时需要考虑三维方向并遵循质量守恒、动量守恒、能量守恒和组分质量守恒方程。

5.1.1 基本假设

5.1.1.1 组团建筑湍流模型

湍流模型都是对实际湍流流动的某种模拟或假设。湍流模拟方法包括 DNS、LES 和湍流输运模型，三种方法比较见表 5-1。

			表 5-1
湍流模拟方法	直接数值模拟	大涡模拟	湍流输运模型模拟
对计算机的要求	高	高	低
对网格依赖与否	是	是	否
计算时间	很长	中等	很短
包含脉动信息与否	包含	部分包含	不包含
应用到工程	非常困难	部分领域	有效的应用

三种湍流模拟方法比较

RNG k-ε 模型是由 Yakhot 和 Orzag 提出，在该模型中，通过在大尺度运动修正后的粘度项体现小尺度的影响，而使这些小尺度运动有系统地从控制方程中去除。

与标准 k-ε 模型比较发现，RNG k-ε 模型主要变化是：

（1）通过修正湍流粘度，考虑了平均流动中的旋转及旋转流流动情况；

（2）在 k-ε 方程中增加了一项，从而反映了主流的时均应变率 E_{ij}，这样，RNG k-ε 模型中产生项不仅与流动情况有关，而且在同一问题中也还是空间坐标的函数。

因而，RNG k-ε 模型可以更好地处理高应变率及流线弯曲程度较大的流动。

需要注意的是，RNG k-ε 模型仍是针对充分发展的湍流有效的，即是高 Re 数的湍流计算模型，而对近壁区内的流动及 Re 数较低的流动，必须采用壁面函数法或低 Re 数的 k-ε 模型来模拟。

标准 k-ε 模型对时均应变率特别大的情形，有可能导致负的正应力。为使流动符合湍流的物理定律，需要对正应力进行某种数学约束。为保证这种约束的实现，有关文献湍流粘度计算式中的系数 C_u 不应是常数，而应与应变率联系起来，从而提出了 Realizable k-ε 模型。

与标准 k-ε 模型比较发现，Realizable k-ε 模型主要变化是：

（1）湍流粘度计算公式发生了变化，引入了与旋转和曲率有关的内容；

（2）ε 方程发生了很大变化，方程中的产生项不再包含有 k 方程中的产生项 G_k，这样，现在的形式更好地表示了光谱的能量转换；

（3）ε 方程中的倒数第二项不具有任何奇异性，即使 k 值很小或为零，分母也不会为零，这与标准 k-ε 模型和 RNG k-ε 有很大区别。

针对组团建筑空间模型可以采用 RNG 模型。通过上述分析和相关文献比较，该模型相比其他模型，适合用于室外环境中。为了避免离散，采用降低其运动力因素的控制方法来调节物体的松弛因子。

5.1.1.2　组团建筑辐射模型

组团建筑空间中除了风速是主要影响因素，温度因素也占据了重要位置。温度除了受到室外气象因素的直接影响，还受到太阳辐射对组团建筑空间内各壁面的不均匀辐射所造成的热力因素影响。因此需要在辐射模型中考虑选择辐射角系数计算。

辐射角系数是计算辐射换热量的关键要素。针对辐射角系数的计算，诸多学者提出过多种解法。李万林提出了计算漫射辐射换热角系数的有限差分法；傅振宣在比较有限差分法、围道积分法、单位球法等几种基本的数值解法后，提出了精度较高、适用性强的单位球射线法；孔祥谦提出了计算单元较少的有限单元法来计算角系数；何立群从建筑能耗模拟软件 DEROB 中提取出一种数值积分方法，其更适用于建筑室内各表面之间的辐射角系数计算；张涛根据兰贝特定律推导出计算角系数的能束均匀分布法，并结合有限单元法提出了计算复杂结构且有遮挡情况角系数的综合方法。以上这些方法均可用于计算空间中特定位置关系中的局部曲面间的辐射角系数。

在建筑围合空间中，研究的对象多为矩形平面而非其他形状的曲面，且面与面之间多为垂直或平行的几何关系，即计算面位置关系和几何形状更为简单。几何求解法或图表法虽能计算相对位置比较规则的几何平面间的角系数，但它不能直接计算被建筑遮挡后的天空和地面的辐射角系数。而天空与地面并非传统意义中的平面或曲面，建筑空间更像是被无限大的天空和地面所包围，以上的辐射角系数计算方法在这里则需要通过多次转化计算。

角系数在不同的专著内有不同的名称，包括辐射角系数、视野因子和形状系数等，但其表达的含义都相同，即离开某表面的辐射中到达另一表面的分数。对于空间中任意两个互相可见的表面，表面 1 对表面 2 的角系数 $X_{1,2}$ 可用公式表示为：

$$X_{1,2} = \frac{1}{A_1} \int_{A_1} \int_{A_2} \frac{\cos\theta_1 \cos\theta_2}{\pi r^2} \mathrm{d}A_1 \mathrm{d}A_2 \tag{5-7}$$

其中和 A_1 和 A_2 分别表示两个表面的辐射面积，r 为两微面积间的距离，θ_1 和 θ_2 分别表示两微面积的法线号连线 r 间的夹角。

对于空间中任意位置的各个表面，要直接通过该式得到角系数的积分结果是相当复杂的。针对相互垂直或平行的两矩形表面间的角系数计算，Bergman 已直接给出了特殊情况下的积分结果，一种是相互平行的情况，两个表面几何尺寸完全相等且相互对齐；另一种是相互垂直的情况，两个表面有公共边且公共边尺寸相等。然而，对于大部分的围护结构表面，它们的尺寸大小与位置关系并不仅限于以上两种特殊情况。刘大龙等针对常见建筑围合空间的辐射换热计算，根据球面三角学几何原理和兰贝特余弦定律，提出了基于视野空间划分的球面三角法来计算角系数。但未深入考虑到有倾斜面出现或有遮挡影响等更为复杂的建筑围合空间情况。

计算机模拟计算角系数法可以采用 Montecarlo 法，即是一种在建筑形体复杂时，追踪在建筑物相对研究空间里各辐射束并经概率统计分析而得出角系数的方法。同时为满足角系数的完整性和互换性，采用对称化的方法修正。节省计算时间与角系数的求解精度的矛盾需要通过赋予角系数的辐射簇数量来平衡，而当辐射簇的数量达到

5000 时，只有 1% 的预测误差。

太阳加载辐射模型，街谷内部空间为离散坐标（Do）辐射模型和 S2S 模型。Do 辐射模型适用于任何光学厚度、散射、气体与颗粒物之间、镜面反射和半透明介质、局部热源等范围内的辐射传热问题。Do 模型对于体量大的物体或者含有流动物质的物体比较实用，但是计算量大，计算时间长。S2S 模型假定所有壁面均为漫灰表面，不计算对称界面，减少计算量，缩短计算时间。

模拟计算案例采用太阳加载辐射模型，以所在城市为参考选址地点输入。为了计算时间的节省，对比分析后选择 S2S 模型作为组团建筑空间模型的辐射计算模型，同时考虑重力项作用。环境温度和组团建筑外壁面温度除了在实验验证阶段选择测试数据，各模型设置为统一值进行计算。

5.1.2　模型参数设定

5.1.2.1　边界条件

建筑室外环境的边界条件在计算中是最重要的条件限制，边界条件设置恰当与否，直接影响到建筑室外环境计算结果的准确性。综合目前计算能力以及计算时间的考虑，边界条件的确定通常在计算之前需要确定好，以方便在计算时提高计算精度要求。

组团建筑空间模型来流方向设定为速度入口，其余方向设定为压力出口。机动车尾气排放设定为线源，宽度为 5m，长度设定为与各模型中两侧建筑相同长度。

风速轮廓线采用平均风速剖面设定，一般有指数律和对数律的选择。风速受城市下垫面的粗糙度的影响，大气边界层厚度根据所处地形的不同，有很大的变化。与此同时风速还受到当地气候因素的影响，主要是存在于组团空间变化范围内的影响因素。根据研究，建筑物体形对风速的影响属于其中比较重要的因子。鉴于计算条件硬件设备有限，为使模型易于收敛，采用指数律的风轮廓线。

来流方向正对物理模型的正面且物理模型在组团建筑空间中长度方向和宽度方向及高度方向上成比例增长分别为 6 和 5 倍，组团建筑空间位于组团建筑空间物理模型的中心处。风向、组团建筑形状因子和有无绿化情况为比较因子，设定本章节模拟研究行列式浅街谷、深街谷；错列式深街谷；非均匀街谷；单边建筑街谷；十字交叉口街谷和单层工业厂房模型。至于每一具体模型尺寸，采用原始模型为回民街，在此基础上进行建筑高度和街道走向的改变。组团建筑空间的物理模型以西安市街谷为原型。并且为了能够对各个模型进行有效对比，以无量纲浓度作为衡量指标得出西安地区的优选组团方案和单体建筑设计方案。

5.1.2.2　实验验证

为了研究污染物在空气中的流动规律，网格的数量和质量是影响模拟结果正确性的关键因素，网格数量的增加对模拟精度的提高具有一定的积极作用。但是在划分网格时，也要考虑计算机的承受能力等因素从而进行综合选择。所进行的网格划分是CFD商业软件来完成的。

非结构网格在网格和节点排列方式上没有特定的规则，不同类型、形状和大小的网格可能出现在一个计算问题中。在流场变化比较大的地方，进行局部网格加密。这种网格虽然给流场计算方法及编程带来一定困难，生成过程比较复杂，但却有着极大的适应性，尤其对具有复杂边界的流场计算问题特别有效。

因为主要研究室内外污染物扩散规律，在污染源面至组团建筑室内外空间中，其速度场、温度场和浓度场的变化很大。所以需要对污染源面、窗口部分等关心部分进行局部网格加密。在所关心的表面采用最小网格尺寸50mm，增长率的系数值选用为1.1。通过网格无关性检验，即以1000mm、800mm、600mm和500mm为最大网格尺寸，获得网格数量56万、100万、230万和325万。通过数值模拟计算得出上述不同网格数量条件下速度和浓度场随高度的变化。考虑到所用计算机的承受能力、计算时间长短和最后数值模拟结果的准确性，可以采用230万网格数量。最小网格尺寸为50mm，增长系数1.1，最大网格尺寸为600mm的网格划分形式。

以回民街作为实验场地，进行实验验证。回民街为行列式南北走向组团建筑，浅街谷类型。具体对比结果和分析见表5-2。

回民街物理模型及数值验证	表5-2
模型模拟与现场测试验证：行列式，浅街谷类型，回民街	

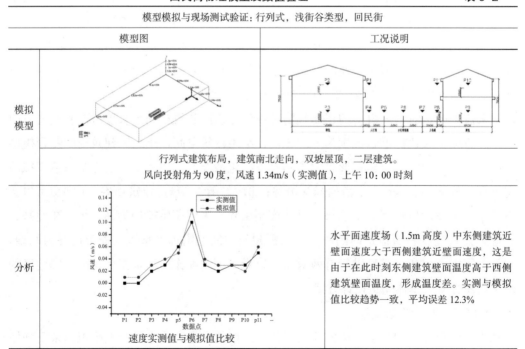

	模型图	工况说明
模拟模型		
	行列式建筑布局，建筑南北走向，双坡屋顶，二层建筑。风向投射角为90度，风速1.34m/s（实测值），上午10：00时刻	
分析	速度实测值与模拟值比较	水平面速度场（1.5m高度）中东侧建筑近壁面速度大于西侧建筑近壁面速度，这是由于在此时刻东侧建筑壁面温度高于西侧建筑壁面温度，形成温度差。实测与模拟值比较趋势一致，平均误差12.3%

续表

模型模拟与现场测试验证：行列式，浅街谷类型，回民街	
模型图	工况说明

<table>
<tr><td rowspan="2">分析</td><td>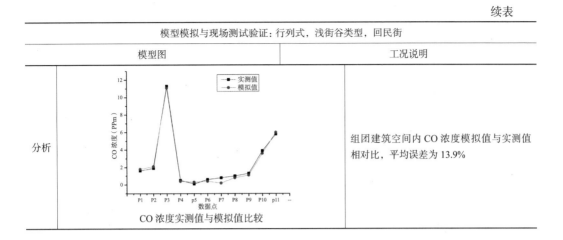CO 浓度实测值与模拟值比较</td><td>组团建筑空间内 CO 浓度模拟值与实测值相对比，平均误差为 13.9%</td></tr>
</table>

比较实地测试数据与 CFD 基于 RNG K-ε 模型的计算数值，其结果分布趋势比较接近，能够反映主流场在不同建筑布局中的变化趋势，借以分析在街道峡谷内污染物扩散方式以及其浓度分布，并能够根据变化，研究室内外污染物传递的基本模式。

5.2　不同组团建筑布局中污染物分布特性与优化方案

规划设计中的组团建筑布局通过模拟研究，获得行列式浅街谷、深街谷；错列式深街谷；非均匀街谷；单边建筑街谷；十字交叉口街谷和单层工业厂房模型的污染物分布特性。以模型中截面距地 1.5m 高度处无量纲浓度平均值作为衡量指标得出西安地区的优选组团方案和单体建筑设计方案，其中上风向建筑物表示为 Leeward Building（LWB），下风向建筑物表示为 Windward Building（WWB）。

5.2.1　行列式浅街谷模型

行列式浅街谷模拟几何模型原型见图 5-1，东西走向，上风向建筑物 LWB 与下风向建筑物 WWB 的建筑高度相同为 18m。设置参数风向投射角为 0 度，风速 1.6m/s 中心线设置线性污染源，线性污染源宽 7m。中截面如图 5-1 所示 1 剖面，其中中截面上按照距上风向建筑和下风向建筑各 1m 处连接，分成 40 等份，每一个等份的数据点作为研究数据组分析。需要注意的是第 21 点处为街谷中截面中心处数据点。典型位置点表示的是迎风面近窗点 P1，迎风侧行人区中点 P2，迎风侧机动车道路旁 P3，背风侧机动车道路旁 P4，背风侧行人区中点 P5 和背风面近窗点 P6，详见图 5-2。

5.2.1.1　行人高度处

由于街谷除建筑之外的空间，行人主要在街道行人区内活动，分析街谷中截面行人高度处（成人呼吸带高度处即距地 1.5m）风速、压力和污染物无量纲浓度水平分布。

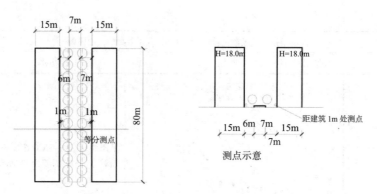

图 5-1　几何模型示意图

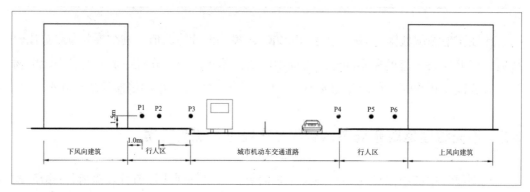

图 5-2　典型位置点示意图

通过图 5-3 ~图 5-5 分析，水平速度场呈现单峰值情况，在街谷中心位置风速最高，并向街谷两侧逐步降低，迎风面处风速值大于背风面风速值。但是值得注意的是，行人高度风速值均小于 0.5m/s，处于静风区内，低风条件。压力呈现街谷中心最低值的单峰现象，背风侧压力值大于街谷中心压力，街谷内有涡旋产生。污染物浓度分布呈

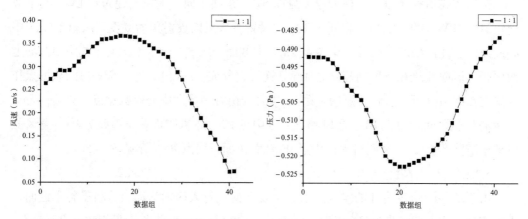

图 5-3　中截面距地 1.5m 高处风速分布图　　　图 5-4　中截面距地 1.5m 高处压力分布图

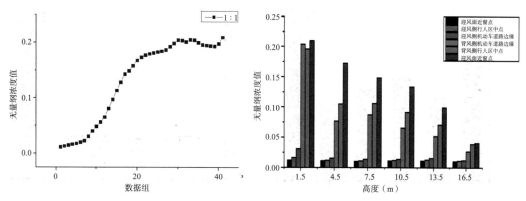

图 5-5　中截面距地 1.5m 高处污染物分布图　　图 5-6　典型位置点无量纲浓度随高度变化图

现逐渐升高的趋势,这是因为街谷迎风面压力值大于街谷中心处,气流向街谷中心流动。背风面污染物无量纲浓度值高于迎风面,污染物在街谷湍流的影响下,从迎风面经街谷中心被带至背风面堆积。

5.2.1.2　典型位置点

由于行人主要在街道行人区内活动,街谷中心处为城市交通道路。在规划设计时,城市交通道路规划设计以满足交通流量为设计目标,控制污染物扩散措施关键在于控制机动车道路边缘和行人区及近建筑区。依然选择分析街谷中典型位置点,即迎风面近窗点、迎风侧行人区中点、迎风侧机动车道路旁、背风侧机动车道路旁、背风侧行人区中点和背风面近窗点的风速、压力和污染物无量纲浓度水平分布。

无论在水平分布或是垂直分布上,背风侧各典型点处污染物无量纲浓度值均高于迎风侧各典型点处,见图 5-6。因此,背风侧行人区及不同层高近建筑区在污染物源项强度较大时比如 50mg/m³ 时,需要采取控制措施如种植乔木,封闭阳台和不开启窗户等方式,以降低其浓度值。

5.2.1.3　不同层高处

由于街谷内建筑在不同层高处设有面向街谷内空间的窗户或阳台,室内空间与室外空间之间可以发生污染物扩散现象,这直接影响到长期在室内工作和生活的人员的健康状况。本节选择分析街谷内建筑不同层高距地板 1.5m 处室外空间水平平面风速和污染物无量纲浓度平均值及迎风面近窗点与背风面变化。

风速平均值随着高度的变化逐渐减低,但在建筑顶层处增大至最大值,见图 5-7。污染物无量纲浓度平均值随高度逐渐降低,见图 5-9。这是因为街谷迎风面和背风面两点处的压差逐渐加大后,见图 5-8,在街谷底部湍流现象明显,直至建筑屋顶处成为正压差,在街谷顶部湍流现象逐渐减弱,污染物被气流逐渐带至屋顶处后扩散至大气中。

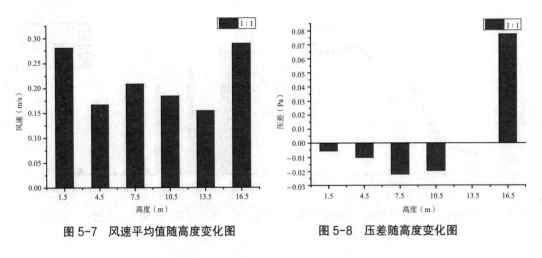

图 5-7　风速平均值随高度变化图　　　　　图 5-8　压差随高度变化图

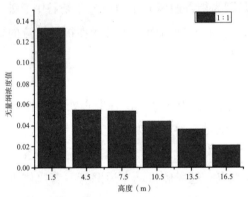

图 5-9　污染物无量纲浓度平均值随高度变化图

综上所述,行列式浅街谷空间在室外有线性污染物源项,街谷走向与来流风向垂直,上风向建筑物与下风向建筑物等高时,街谷空间内出现一个涡旋区。组团建筑空间底部污染物无量纲浓度平均值最大,压差最小,只有此处不宜设置开窗。规划设计方案中建议在背风侧道路一侧种植乔木,LWB 建筑背风面只有底层宜少开口或在开口处设置挡板。

5.2.2　行列式深街谷模型模拟分析

行列式深街谷模拟几何模型见图 5-10,东西走向,街谷中心线宽 7m,设置线性污染源,风向投射角为 0 度,风速 1.6m/s。行列式深街谷,高宽比大,但是道路两侧建筑物的高度比的不同使得气流组织发生改变,街谷内污染物扩散的规律也会不同。需要研究该街谷中上风向建筑和下风向建筑的不同建筑高度比情况下,污染物扩散分布及特性。其中建筑高度比为 1:1 时,即建筑等高时,两侧建筑的建筑高度均为 36m;建筑高度比为 1:2 时,即建筑不等高时,上风向建筑高度为 18m,下风向建筑高度为

36m。中截面如图 5-10 所示剖面，在中截面上按照距上风向建筑和下风向建筑各 1m 处直线连接，平均分成 40 等份，每一个等份的数据点作为研究数据组之一的数据进行分析。需要注意的是第 21 点处为街谷中截面中心处数据点。典型位置点表示的是迎风面近窗点、迎风侧行人区中点、迎风侧机动车道路旁、背风侧机动车道路旁、背风侧行人区中点和背风面近窗点，详见图 5-11。

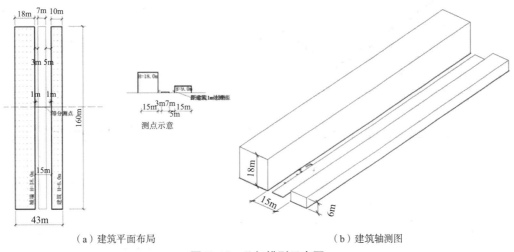

（a）建筑平面布局　　　　　　　　　　　　　　（b）建筑轴测图

图 5-10　几何模型示意图

5.2.2.1　行人高度处

同上所述，分析街谷中截面行人高度处（成人呼吸带高度处距地 1.5m）风速、压力和污染物无量纲浓度水平分布。通过图 5-11 ~图 5-13 分析，当上风向建筑物与下风向建筑物的建筑高度比为 1∶1 时，水平速度场呈现单峰值情况，在街谷空间内的背风侧机动车道附近风速最低，且向街谷两侧逐步升高，迎风面处风速值大于背风面风速值。当上风向建筑物与下风向建筑物的建筑高度比 1∶2 时，风速变化在 0.2 与 0.3 之间震荡，这是因为此处受下沉风影响，湍流现象比较显著。但是，建筑高度比即便不同时，两种工况下的行人高度风速值仍然小于 0.5m/s，处于静风区内，低风速环境。当上风向建筑物与下风向建筑物的建筑高度比为 1∶1 时，压力变化比较稳定；当上风向建筑物与下风向建筑物的建筑高度比为 1∶2 时，呈现从街谷空间内的迎风面正压降至背风面负压的情况，迎风侧压力值大于背风侧压力，街谷内有涡旋产生。当上风向建筑物与下风向建筑物的建筑高度比为 1∶1 时，污染物无量纲浓度值沿着街谷的中截面距地 1.5m 处的分布呈现逐渐升高的趋势，这是因为街谷迎风面压力值大于街谷中心处，气流向街谷中心流动。背风面污染物无量纲浓度值高于迎风面的污染物无量纲浓度值，污染物在街谷空间内湍流的影响下，从迎风面经街谷中心被带至背风面堆积。

当上风向建筑物与下风向建筑物的建筑高度比为 1∶2 时，受来流风及下沉风影响，污染物无量纲浓度呈现从街谷中心即机动车道路中心向两侧扩散的趋势，同时污染物浓度值要大于建筑高度比为 1∶1 时的污染物无量纲浓度。

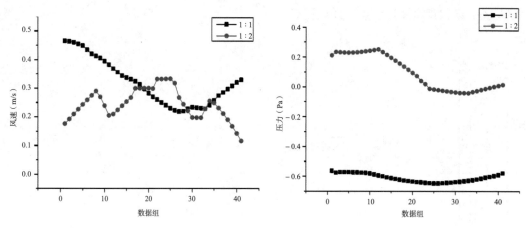

图 5-11　中截面距地 1.5m 高处风速分布图　　　图 5-12　中截面距地 1.5m 高处压力分布图

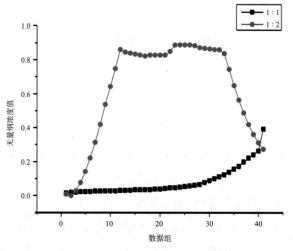

图 5-13　中截面距地 1.5m 高处污染物无量纲浓度分布图

5.2.2.2　典型位置点

同上所述，在规划设计时，城市交通道路规划设计以满足交通流量为设计目标，控制污染物扩散措施关键在于控制机动车道路边缘和行人区及近建筑区。正如第 3.1 节中的研究分析，本节依然选择分析街谷中典型位置点，即迎风面近窗点、迎风侧行人区中点、迎风侧机动车道路旁、背风侧机动车道路旁、背风侧行人区中点和背风面近窗点的风速、压力和污染物无量纲浓度水平分布。而且因为不同高度处近建筑区的

污染物无量纲浓度值对建筑外窗和阳台设计有着指示作用，所以本节选择距每层楼板
1.5m 高度处予以分析各参数变化。其中各层分析高度为 1.5m、4.5m、7.5m、10.5m、
13.5m、16.5m、19.5m、22.5m、25.5m、28.5m、31.5m 和 34.5m 共 12 个高度处。

　　无论在水平分布和垂直分布上，背风侧各典型点处污染物无量纲浓度值基本上均
高于迎风侧各典型点处，见图 5-14。只有一处，与行列式浅街谷不同的是，当上风向
建筑物与下风向建筑物的建筑高度比为 1：1 时，行人高度的迎风侧机动车道边缘污染
物无量纲浓度值大于其他典型位置点，因此，迎风侧机动车道近旁处和背风侧需要种
植乔木等绿化设计。上风向建筑 1～6 层处需要采取封闭阳台、尽量不开启窗户、垂
直绿化和阳台种植等方式，以降低其浓度值。

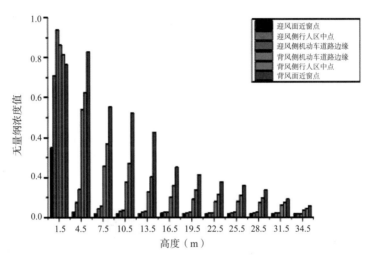

图 5-14　等高行列式深街谷典型位置点无量纲浓度随高度变化图

　　当上风向建筑物与下风向建筑物的建筑高度比为 1：2 时，见图 5-15，行人高度背
风侧机动车道近旁的污染物无量纲浓度值远大于其他典型位置点，因此，迎风侧机动
车道近旁处和行人区同背风侧需要种植乔木等。上风向建筑物背风侧 1～2 层处需要
采取封闭阳台、尽量不开启窗户、垂直绿化和阳台种植等方式，以降低其浓度值。

5.2.2.3　不同建筑高度比分析

　　当上风向建筑和下风向建筑高度不同时，组团建筑空间内无量纲浓度场发生变化。
本节选择距每层楼板 1.5m 高度处予以分析各参数变化。各层分析高度分别为 1.5m、
4.5m、7.5m、10.5m、13.5m、16.5m、19.5m、22.5m、25.5m、28.5m、31.5m 和 34.5m
共 12 个高度处的风速平均值，迎风面点和背风面点处压差值作为分析指标，以无量纲
浓度平均值作为评价指标，比较分析上一节中的两种情况，以便得出优化方案和设计
策略。

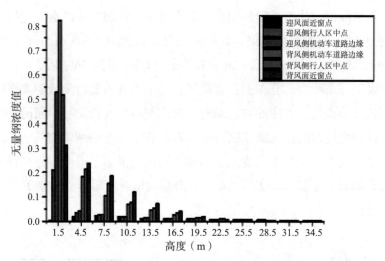

图 5-15　高度比 1 比 2 的行列式深街谷典型位置点无量纲浓度随高度变化图

　　当上风向建筑物与下风向建筑物高度比在 1：1 和 1：2 时，见图 5-16，随着组团建筑空间内距地高度增高，风速平均值逐渐升高。只是当上风向建筑物与下风向建筑物高度比在 1：1 时，风速平均值变化波动范围小，比较稳定。当上风向建筑物与下风向建筑物高度比在 1：2 时，不同高度处风速平均值均大于上风向建筑物与下风向建筑物高度比在 1：1 时风速平均值，而且最大变化值至 1.4 倍。

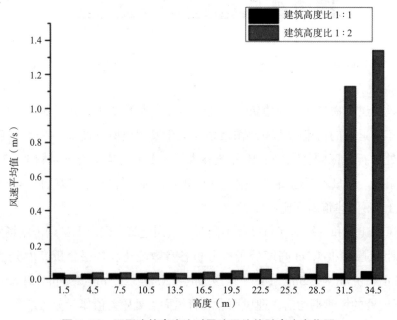

图 5-16　不同建筑高度比时风速平均值随高度变化图

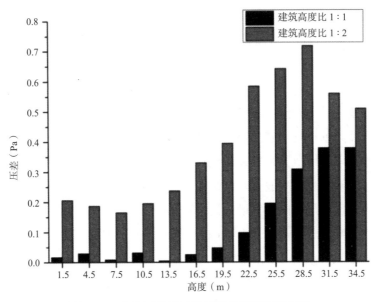

图 5-17　不同建筑高度比时压差随高度变化图

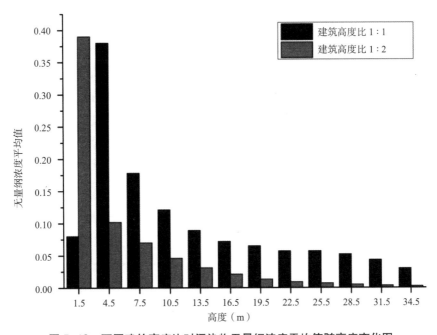

图 5-18　不同建筑高度比时污染物无量纲浓度平均值随高度变化图

随着组团建筑空间内高度逐渐变大，见图 5-17、图 5-18，污染物无量纲浓度平均值呈现逐渐减少趋势。但是当上风向建筑与下风向建筑高度比在 1∶2 时，在中截面距地 1.5m 高度处组团建筑空间内出现污染物无量纲浓度平均值最大值。这是因为此处风速值低,压差低,且离污染源强近。因此,当上风向建筑与下风向建筑高度比在1:2时,只有底层不宜设置开口或窗户关闭不开启。当上风向建筑与下风向建筑高度比为1:1时,只有二层不宜设置开口或窗户关闭不开启。

综上所述,行列式深街谷空间在室外有污染物源项,街谷走向与来流风向垂直时,街谷空间内出现一个涡旋区,且涡旋中心靠近背风面。规划设计方案中行列式深街谷走向与来流风向垂直且当建筑高度比为1:1和1:2时,迎风侧机动车道近旁至行人区同背风侧宜采取种植乔木等绿化设计。建筑设计策略:行列式深街谷与年主导风向垂直时,当污染物源项一般大时,即大于一般控制项2倍的要求时,比如CO大于20mg/m³时,背风面底层空间不宜设人长时间停留区如广场等。当污染物源项比较大时,即大于一般控制项5倍的要求,比如CO大于50mg/m³时,当上风向建筑物与下风向建筑物高度比为1:1时,上风向建筑物1~6层处和当上风向建筑物与下风向建筑物高度比为1:2时,上风向建筑物1~2层宜采取封闭阳台、尽量不开启窗户、垂直绿化和阳台种植等方式。

5.2.3 错列式深街谷模型

错列式深街谷相较于行列式深街谷,由于具有不同的行人区宽度,街谷空间内出现有绿化种植的情况比较多见。因此,主要研究在不同绿化情况下,错列式深街谷内污染物扩散情况及相应的建筑设计和规划设计策略。其中,模拟几何模型见图5-19,组团建筑为东西走向,两侧建筑等高为36m,模拟设置参数风向投射角为0度,风速为1.6m/s。街谷中心线设置线性污染源,宽7m。有种植街谷的工况,在距道路近旁两侧1m处,各设置一行高杆乔木,分枝点高度为2.5m、树距7m。本节以组团建

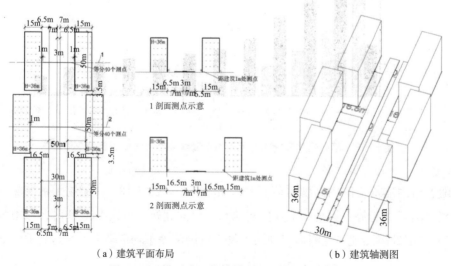

（a）建筑平面布局　　　　　　　（b）建筑轴测图

图5-19　错列式深街谷模拟几何模型示意图

筑空间中截面 1.5m、4.5m、7.5m、10.5m、13.5m、16.5m、19.5m、22.5m、25.5m、28.5m、31.5m 和 34.5m 共 12 个高度处风速平均值，迎风面点和背风面点处压差值作为分析指标，以无量纲浓度平均值作为评价指标，比较分析错列式深街谷有种植街谷和无种植街谷两种工况下的开阔处及狭窄处四种情况，以便得出优化方案和设计策略。

5.2.3.1　行人高度处

当错列式深街谷在室外空间有污染物源项，街谷走向与来流风向垂直时，在有种植街谷室外空间平面开阔处截面的街谷中心机动车道路范围内的风速高于同样条件下的其他三种情况，其中最大差异可达 0.14m/s，见图 5-20。而在街谷迎风侧时，其风

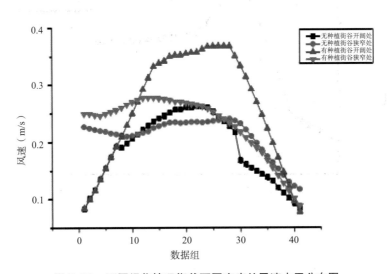

图 5-20　不同绿化情况街谷不同宽度处风速水平分布图

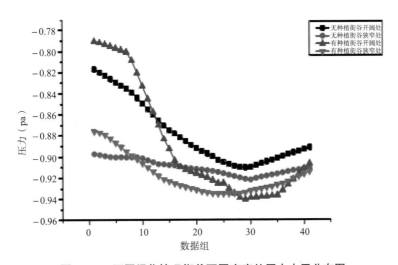

图 5-21　不同绿化情况街谷不同宽度处压力水平分布图

速值却低于或等于其他三种情况。压力值的变化则正好相反，见图 5-21。有种植街谷狭窄处和无种植街谷狭窄处的风速值和压力值变化趋势相似，都呈现逐渐下降的趋势。有种植街谷和无种植街谷开阔处的风速值和压力值变化趋势相似，都呈现先升高至峰值后逐渐降低的趋势和逐渐降低后再升高的趋势。无量纲浓度值的变化趋势四种情况大致相似，均为逐渐升高至最大值后逐渐降低的趋势，见图 5-22。但是降低的范围比较小，可以发现街谷中心的大部分污染物随气流流向背风侧，因此 LWB 的背风侧需要乔木种植。

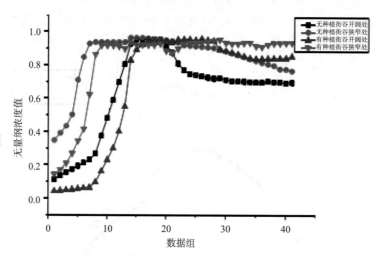

图 5-22　不同绿化情况街谷不同宽度处无量纲浓度水平分布图

5.2.3.2　典型位置点

同上节所述，在规划设计时，城市交通道路规划设计以满足交通流量为设计目标，控制污染物扩散措施关键在于控制机动车道路边缘和行人区及近建筑区。正如第 3.1 节中的研究分析，本节依然选择分析街谷中典型位置点，即迎风面近窗点，迎风侧行人区中点，迎风侧机动车道路旁，背风侧机动车道路旁，背风侧行人区中点和背风面近窗点的风速、压力和污染物无量纲浓度水平分布。其中各层分析高度为 1.5m、4.5m、7.5m、10.5m、13.5m、16.5m、19.5m、22.5m、25.5m、28.5m、31.5m 和 34.5m 共 12 个高度处。

无论在水平分布和垂直分布上，背风侧各典型点处污染物无量纲浓度值均高于迎风侧各典型点处，见图 5-23~图 5-26。只有一处，无种植街谷狭窄处，行人高度的迎风侧机动车道边缘污染物无量纲浓度值大于其他典型位置点，因此，迎风侧机动车道近旁处和背风侧需要种植乔木等绿化设计。在典型位置点处的污染物无量纲浓度值随着高度的增加，逐渐降低。有种植街谷和无种植街谷狭窄处的无量纲浓度下降的趋势比其他两种情况缓慢，在 5～8 层处数值比较接近。当污染物源项一般大时，四种情况中无种植街谷狭窄处的上风向建筑背风侧 1～2 层处需要采取封闭阳台、尽量不开启窗户、垂直绿化和阳台种植等方式，以降低其浓度值。其他三种情况，在上风向建筑背风侧 1～4 层处需要采取封闭阳台、尽量不开启窗户、垂直绿化和阳台种植等方式，以降低其浓度值。

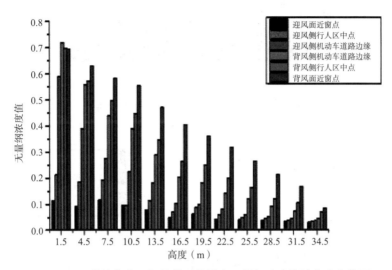

图 5-23　无种植街谷开阔处典型位置点无量纲浓度值随高度变化图

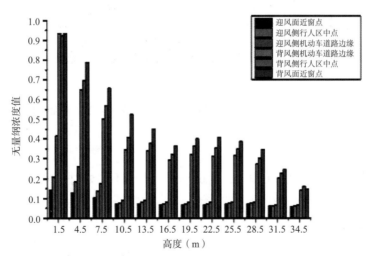

图 5-24　有种植街谷狭窄处典型位置点无量纲浓度值随高度变化图

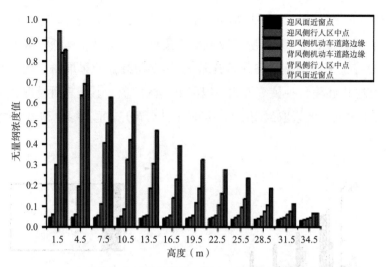

图 5-25　有种植街谷开阔处典型位置点无量纲浓度值随高度变化图

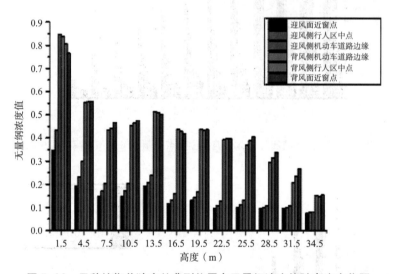

图 5-26　无种植街谷狭窄处典型位置点无量纲浓度值随高度变化图

5.2.3.3　不同层高处

当错列式深街谷中有或无种植，建筑平面组合有不同处时，组团建筑空间内无量纲浓度场发生变化。本节选择距每层楼板 1.5m 高度处予以分析各参数变化。以各层分析高度分别为 1.5m、4.5m、7.5m、10.5m、13.5m、16.5m、19.5m、22.5m、25.5m、28.5m、31.5m 和 34.5m 共 12 个高度处的风速平均值、迎风面点和背风面点处压差值作为分析指标，以无量纲浓度平均值作为评价指标，比较分析上一节中的四种情况，以便得出优化方案和设计策略。

风速平均值在所有四种情况中的变化趋势相似，都是逐渐升高。其中有种植街谷的风速平均值在整个街谷高度分析范围内都比无种植街谷的风速平均值大，见图 5-27。但是四种情况街谷内的风速平均值处在小于 0.05m/s 的范围内，风速值较低，属静风区。压差值的变化趋势在四种情况中较为相似，其中有种植街谷开阔处在第五层 13.5m 高度处出现最低值后逐渐上升，其压差值大于其他四种情况，见图 5-28。无种植街谷狭窄处的压差值变化范围在 0～0.08Pa 之间，趋势比较稳定。无量纲浓度平均值变化趋势在四种情况中均为逐渐降低，见图 5-29。若污染物源项浓度值一般大时，只有一层需要种植乔木等降低污染物浓度的措施。

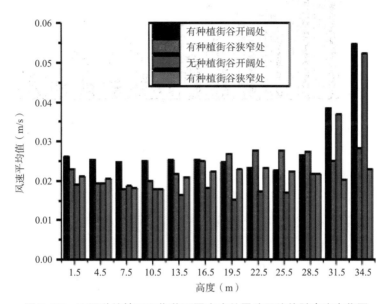

图 5-27　不同种植情况下街谷不同宽度处风速平均值随高度变化图

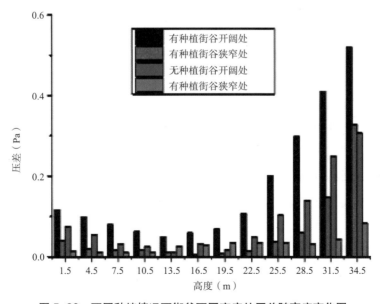

图 5-28　不同种植情况下街谷不同宽度处压差随高度变化图

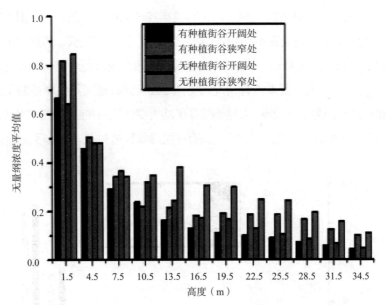

图 5-29　不同种植情况下街谷不同宽度处无量纲浓度平均值随高度变化图

综上所述，错列式深街谷空间在室外有污染物源项，街谷走向与来流风向垂直时，规划设计方案中有种植街谷开阔处迎风侧可以设置小型广场作为人行停留区，街谷狭窄处背风面不宜种植乔木绿化，其他背风侧宜种植乔木等绿化设计。建筑设计策略：当污染物源项一般大时，无种植街谷狭窄处的上风向建筑背风侧 1～2 层处需要采取封闭阳台、尽量不开启窗户、垂直绿化和阳台种植等方式。其他三种情况，在上风向建筑背风侧 1～4 层处需要采取封闭阳台、尽量不开启窗户、垂直绿化和阳台种植等方式。

5.2.4　非均匀街谷模型模拟分析

城市中街谷两侧建筑根据不同的建筑功能要求，出现了高度不一致的情况，也就是两侧建筑高度比不是固定的一个值，而是一个变量，成为非均匀街谷。非均匀街谷因为形状因子的改变，导致街谷内气流组织的变化，最终影响污染物扩散状况。本节选择对行列式组团建筑，沿街谷方向高低错落的非均匀街谷进行分析，几何模型原型见图 5-30。非均匀街谷中当建筑高度比为 1∶1 时，上风向建筑 LWB 与下风向建筑 WWB 的建筑高度相同为 18m；LWB 与 WWB 建筑高度比分别为 1∶1.5、1∶2 和 1∶3 时，上风向建筑 LWB 的建筑高度维持在 18m，下风向建筑 WWB 的建筑高度依次改变为 27m、36m 和 54m。模拟设置参数风向投射角为 0 度，风速 1.6m/s；街谷中心线设置线性污染源，线性污染源宽 7m。典型位置点表示的是迎风面近窗点 P1，迎风侧行人区中点 P2，迎风侧机动车道路旁 P3，背风侧机动车道路旁 P4，背风侧行人区中点 P5 和背风面近窗点 P6。

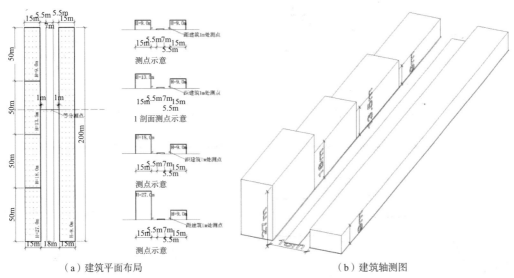

（a）建筑平面布局　　　　　　　　　（b）建筑轴测图

图 5-30　错列式深街谷模拟几何模型示意图

5.2.4.1　行人高度处

由于街谷除建筑之外的空间，行人主要在街道行人区内活动，分析街谷中截面行人高度处（成人呼吸带高度处即距地 1.5m）风速、压力和污染物无量纲浓度水平分布。

当非均匀街谷在室外空间有污染物源项，风向投射角为 0 度、5 度、15 度、30 度和 45 度时，通过图 5-31 ~图 5-35 所示，各工况的行人高度处风速变化的规律相似，基本是从街谷中心污染源处向两侧降低。行人高度处压力变化规律也基本相似，呈现逐渐降低现象。行人高度处无量纲浓度值的变化规律也相似，均为三阶段即线性升高段、稳定段和线性降低段。LWB 近壁面处污染物标量值高于 WWB 近壁面处污染物标量值。这是由于下风向建筑的迎风面处风速大，在街谷内形成涡流，将污染物卷入并推向上风向建筑的背风面，造成污染物堆积现象。且迎风侧浓度值低于背风侧浓度值。其中风向投射角是 0 度、5 度和 45 度时，建筑高度比为 1:3 工况的无量纲浓度值出现最低值。当风向投射角是 15 度时，建筑高度比为 1 : 1.5 工况的无量纲浓度值出现最低值。当风向投射角是 30 度时，建筑高度比为 1 : 1 工况的无量纲浓度值出现最低值。街谷中心道路污染物随气流流向两侧，因此迎风侧和背风侧都需要在道路近旁种植乔木，以降低行人区污染物浓度。

5.2.4.2　典型位置点

同上所述，在规划设计时，城市交通道路规划设计以满足交通流量为设计目标，控制污染物扩散措施关键在于控制机动车道路边缘和行人区及近建筑区。正如第 3.1 节中的研究分析，本节依然选择分析街谷中典型位置点，即迎风面近窗点，迎风侧行人区中点，迎风侧机动车道路旁，背风侧机动车道路旁，背风侧行人区中点和背风面

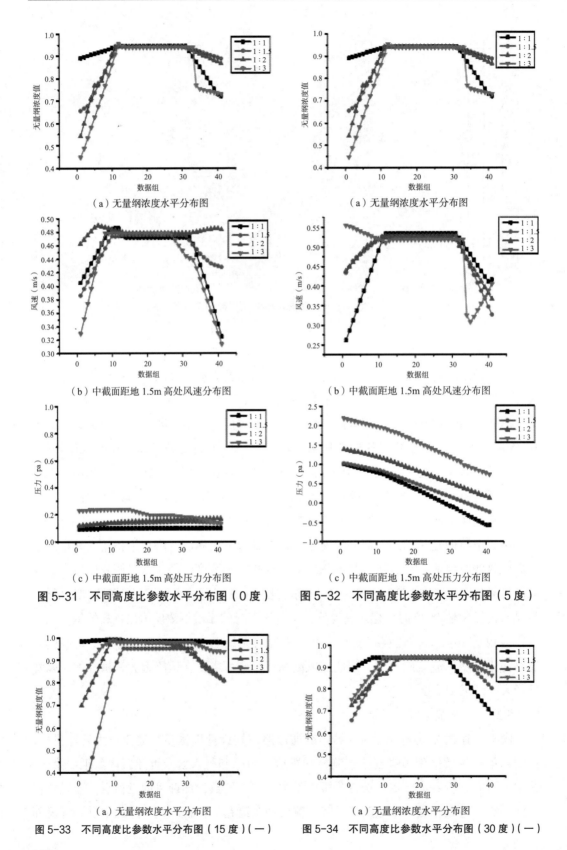

（a）无量纲浓度水平分布图　　　　　　　（a）无量纲浓度水平分布图

（b）中截面距地 1.5m 高处风速分布图　　　（b）中截面距地 1.5m 高处风速分布图

（c）中截面距地 1.5m 高处压力分布图　　　（c）中截面距地 1.5m 高处压力分布图

图 5-31　不同高度比参数水平分布图（0度）　　图 5-32　不同高度比参数水平分布图（5度）

（a）无量纲浓度水平分布图　　　　　　　（a）无量纲浓度水平分布图

图 5-33　不同高度比参数水平分布图（15度）（一）　　图 5-34　不同高度比参数水平分布图（30度）（一）

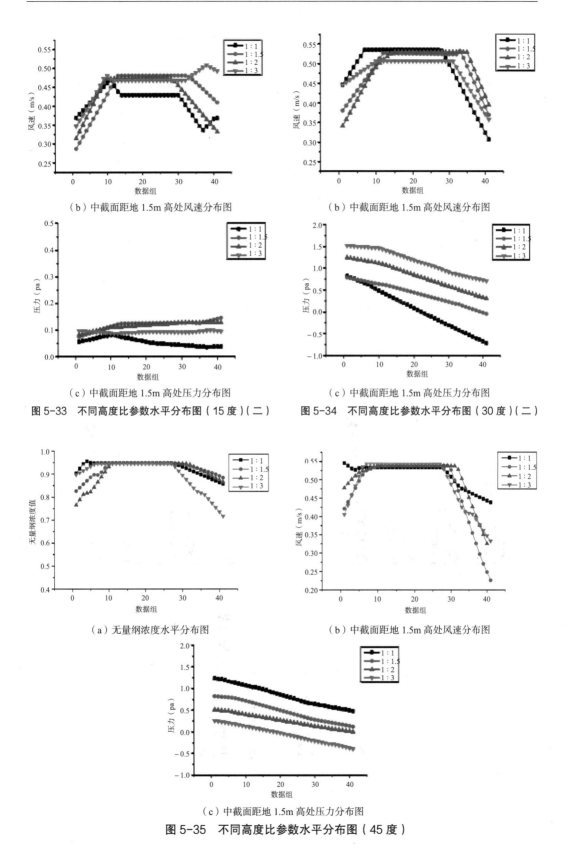

（b）中截面距地 1.5m 高处风速分布图

（b）中截面距地 1.5m 高处风速分布图

（c）中截面距地 1.5m 高处压力分布图

（c）中截面距地 1.5m 高处压力分布图

图 5-33 不同高度比参数水平分布图（15 度）（二）

图 5-34 不同高度比参数水平分布图（30 度）（二）

（a）无量纲浓度水平分布图

（b）中截面距地 1.5m 高处风速分布图

（c）中截面距地 1.5m 高处压力分布图

图 5-35 不同高度比参数水平分布图（45 度）

近窗点的风速、压力和污染物无量纲浓度水平分布。其中各层分析高度为 1.5m、4.5m 和 7.5m 共 3 个高度处。

在典型位置点处的污染物无量纲浓度值随着高度的增加而逐渐降低。背风侧污染物无量纲浓度值基本高于迎风侧污染物无量纲浓度值。因此，背风侧需要采取种植乔木等措施用以降低浓度。见图 5-36～图 5-40，当风向投射角为 0 度时，背风侧机动车道旁处污染物无量纲浓度值高于其他各典型点处。迎风侧机动车道近旁处和背风侧需要种植乔木等绿化设计。当污染物源项比较大，四种工况中只有上风向建筑背风侧和建筑高度比为 1:1 时的下风向建筑迎风侧的底层需要尽量不开启窗户和垂直绿化等方式，以降低其浓度值。当风向投射角为 5 度时，在污染物源项一般大，除了建筑高度比为 1:2 的下风向建筑迎风侧二层不需要采取措施，其他工况无论上风向建筑的背风侧和下风向建筑的迎风侧各层都需要采取封闭阳台、尽量不开启窗户、垂直绿化和阳台种植等方式，以降低其浓度值。当风向投射角为 15 度、30 度和 45 度，在污染物源项一般大时，都需要在上风向建筑的背风侧和下风向建筑的迎风侧各层采取封闭阳台、尽量不开启窗户、垂直绿化和阳台种植等方式，以降低其浓度值。尤其是底层建筑更宜注意尽量不开启窗户等措施。

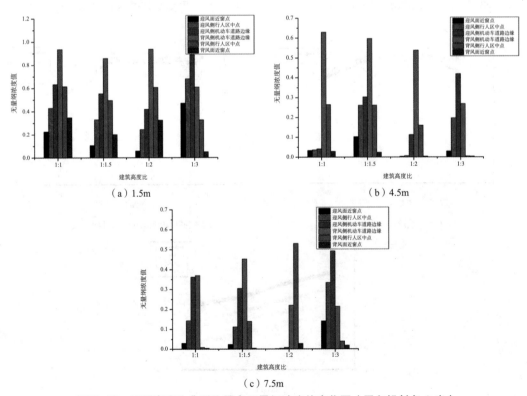

图 5-36 不同高度比典型位置点无量纲浓度值变化图（风向投射角 0 度）

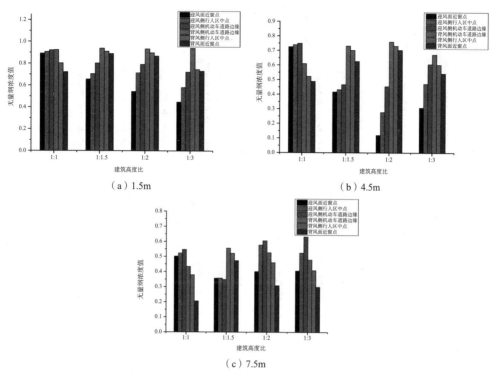

（a）1.5m　　　　　　　　　　　　（b）4.5m

（c）7.5m

图 5-37　不同高度比典型位置点无量纲浓度值变化图（风向投射角 5 度）

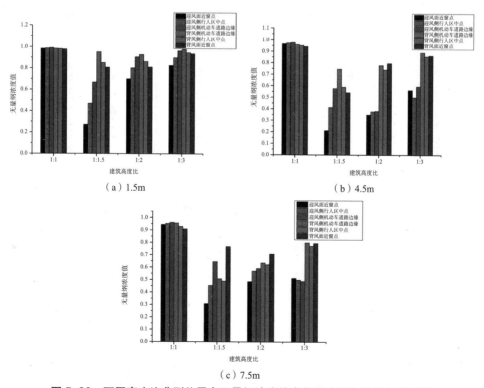

（a）1.5m　　　　　　　　　　　　（b）4.5m

（c）7.5m

图 5-38　不同高度比典型位置点无量纲浓度值变化图（风向投射角 15 度）

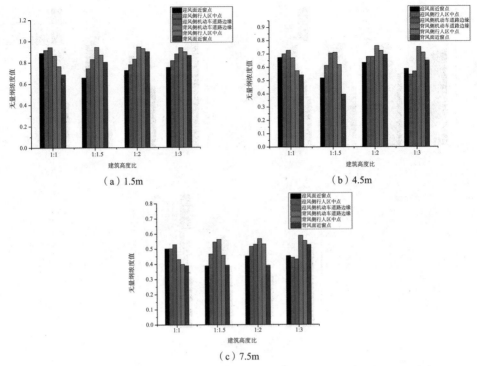

图 5-39 不同高度比典型位置点无量纲浓度值变化图（风向投射角 30 度）

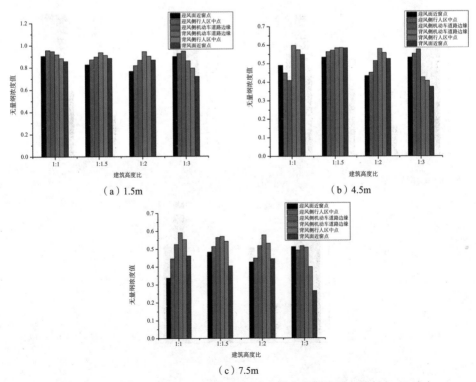

图 5-40 不同高度比典型位置点无量纲浓度值变化图（风向投射角 45 度）

5.2.4.3　不同建筑高度比

非均匀街谷中，建筑高度比不同，组团建筑空间内无量纲浓度场发生变化。本节选择距每层楼板 1.5m 高度处予以分析各参数变化。各层分析高度分别为 1.5m、4.5m和 7.5m 共 3 个高度处的风速平均值，以迎风面点和背风面点处压差值作为分析指标，以无量纲浓度平均值作为评价指标，比较分析上一节中的各种工况，以便得出优化方案和设计策略。

在风向投射角是 5 度、30 度和 45 度工况的风速平均值变化趋势相似，都是逐渐升高，见图 5-40。在风向投射角是 0 度和 15 度工况的风速平均值变化趋势相似，为逐渐降低。这是因为在来流风向和下沉风互相作用下，湍流中涡旋区域和涡旋中心高度不同。压差变化趋势在各工况中一致，为逐渐降低趋势，见图 5-41。风速平均值均

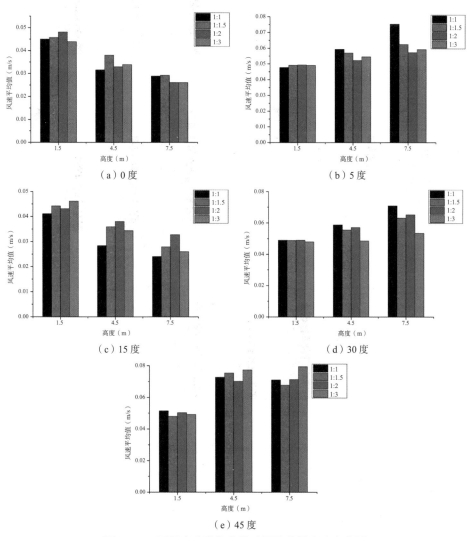

图 5-41　不同高度比街谷风速平均值随高度变化图

处于小于 0.08m/s 范围内，静风区低风速状态。无量纲浓度平均值变化趋势在各工况中均为逐渐降低，见图 5-42。当风向投射角为 0 度，建筑高度比为 1：2 时，街谷内无量纲浓度平均值最低。当风向投射角为 5 度，建筑高度比为 1：3 时，街谷内无量纲浓度平均值最低。当风向投射角为 15 度和 30 度，建筑高度比为 1：1.5 时，街谷内无量纲浓度平均值最低。当风向投射角为 45 度，建筑高度比为 1：3 时，街谷内无量纲浓度平均值最低。

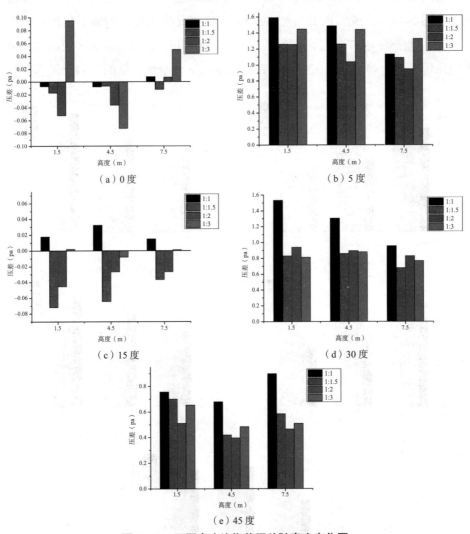

图 5-42　不同高度比街谷压差随高度变化图

5.2.4.4　不同风向投射角

非均匀街谷中，风向投射角不同，组团建筑空间内无量纲浓度场发生变化。本节选择距每层楼板 1.5m 高度处予以分析各参数变化。各层分析高度分别为 1.5m、4.5m

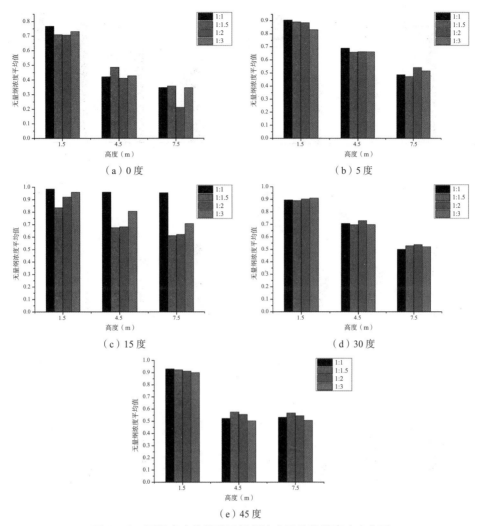

图 5-43　不同高度比街谷无量纲浓度平均值随高度变化图

和 7.5m 共 3 个高度处的风速平均值，以迎风面点和背风面点处压差值作为分析指标，以无量纲浓度平均值作为评价指标，比较分析上一节中的各种工况，以便得出优化方案和设计策略。

在建筑高度比是 1∶1、1∶1.5 和 1∶3 工况的风速平均值变化趋势相似，都是在 0 度和 15 度时，随着高度的增加而逐渐降低。在 5 度、30 度和 45 度时，随着高度的增加而降低，见图 5-44。压差变化趋势则相反，见图 5-45。无量纲浓度平均值的变化趋势在各工况中均为逐渐降低，见图 5-46。当建筑高度比为 1∶1、1∶1.5、1∶2 和 1∶3，风向投射角为 0 度时，街谷内无量纲浓度平均值最低。

综上所述，行列式组团建筑沿街谷方向高低错落，LWB 与 WWB 高度比分别为 1、1.5、2、3，街谷中无种植，风向投射角为分别为 5 度、15 度、30 度、45 度时分析组

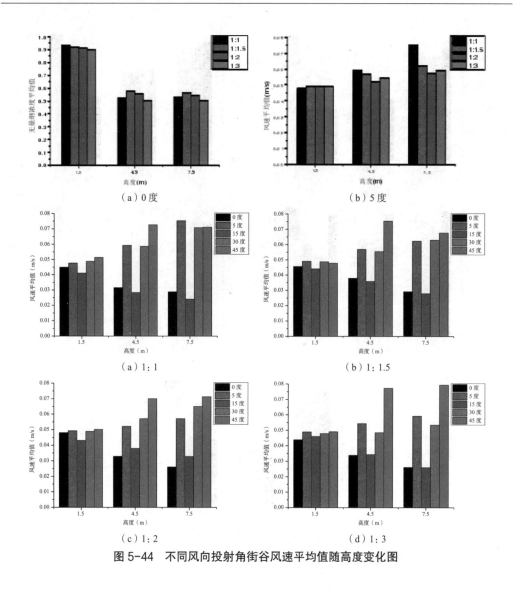

（a）0度 　　　　　　　　　（b）5度

（a）1：1 　　　　　　　　　（b）1：1.5

（c）1：2 　　　　　　　　　（d）1：3

图 5-44　不同风向投射角街谷风速平均值随高度变化图

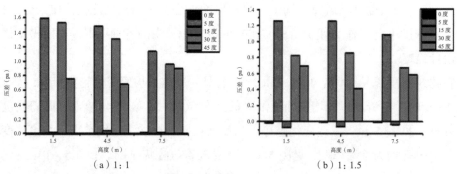

（a）1：1 　　　　　　　　　（b）1：1.5

图 5-45　不同风向投射角街谷压差随高度变化图（一）

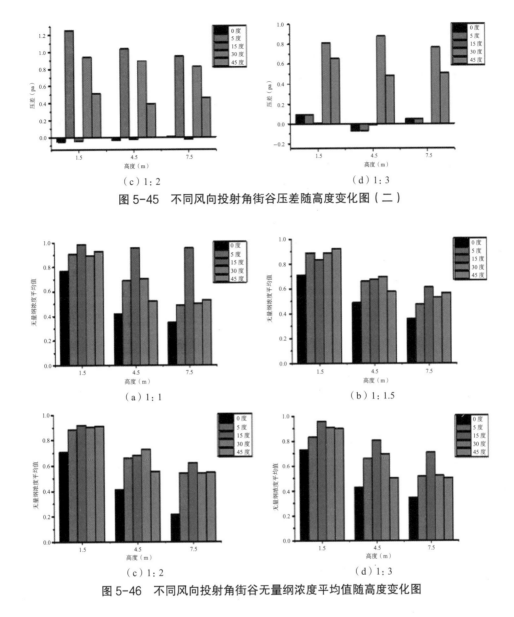

（c）1∶2　　　　　　　　　　　（d）1∶3

图 5-45　不同风向投射角街谷压差随高度变化图（二）

（a）1∶1　　　　　　　　　　　（b）1∶1.5

（c）1∶2　　　　　　　　　　　（d）1∶3

图 5-46　不同风向投射角街谷无量纲浓度平均值随高度变化图

团建筑空间污染物扩散特性。水平面速度场 LWB 建筑背风面有涡流区，组团建筑空间室外空间为风影区。组团建筑空间两侧建筑高度比越高，底部涡流区越小，WWB 背风面涡旋中心上移。若 LWB 背风面开窗，污染物有可能进入 LWB 一侧室内。规划设计方案中建议：当风向投射角是 0 度、5 度和 45 度时，组团建筑的建筑高度比宜设计为 1∶3。当风向投射角是 15 度时，组团建筑的建筑高度比宜设计为 1∶1.5。当风向投射角是 30 度时，组团建筑的建筑高度比宜设计为 1∶1。当建筑高度比为 1∶1、1∶1.5、1∶2 和 1∶3 时，非均匀街谷空间宜与年主导风向垂直。组团建筑空间内背风侧需要采取种植乔木等措施用以降低浓度。建筑设计策略建议：当风向投射角为 0 度，当污染物源项比较大时，只有上风向建筑背风侧和建筑高度比为 1：1 时的下风向建筑迎风侧的底层宜尽量不开启窗户和采用垂直绿化等方式。当风向投射角为 5 度，在污染物源项一般大时，除了建筑高度比为 1：2 的下风向建筑迎风侧二层不需要采取措施，其他工况无论上风向建筑的背风侧和下风向建筑的迎风侧各层宜采取封闭阳台、尽量不开启窗户、垂直绿化和阳台种植等方式。当风向投射角为 15 度、30 度和 45 度，在污染物源项一般大时，在上风向建筑的背风侧和下风向建筑的迎风侧各层宜采取封闭阳台、尽量不开启窗户、垂直绿化和阳台种植等方式。尤其是底层建筑更宜注意尽量不开启窗户或设置挡板等措施。

5.2.5 单边建筑街谷模型模拟分析

单边建筑街谷不同于一般两侧都有建筑的街谷，由于只具有一侧建筑，且该建筑可能为有骑廊的传统建筑，一般在生活型街谷空间中比较常见。因此，本节主要研究在有或无骑廊工况，模拟几何模型见图 5-47，以顺城南路为原型，行列式布局，WWB 侧为明代城墙，高 12m，LWB 侧为仿古建筑。街谷中有种植，在距道路近旁两侧 1m 处，各设置一行高杆乔木，分枝点 2.5m 高度，树距 7m；风向投射角为 0 度。风速设定为 1.6m/s，沿街谷中心线设置线性污染源，宽 7m。本节以组团建筑空间中截面 1.5m、4.5m、7.5m、10.5m、13.5m、16.5m、19.5m、22.5m、25.5m、28.5m、31.5m 和 34.5m 共 12 个高度处风速平均值，以迎风面点和背风面点处压差值作为分析指标，以无量纲浓度平均值作为评价指标，比较分析单边建筑街谷中单边建筑有无骑廊两种工况，以便得出优化方案和设计策略。

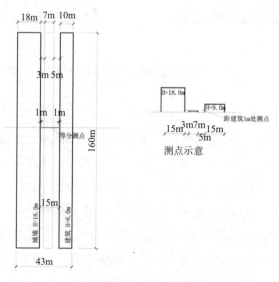

图 5-47　单边建筑街谷模拟几何模型示意图

5.2.5.1　行人高度处

同上节所述,本节分析街谷中截面行人高度处(成人呼吸带高度处距地 1.5m)风速、压力和污染物无量纲浓度水平分布。通过图 5-48 ~图 5-50 分析,无骑廊工况的风速在迎风侧大于有骑廊时,但在背风侧则相反。压力在无骑廊工况水平分布上,迎风侧各点值小于有骑廊工况迎风侧各点值;在街谷中心区至背风侧各点值大于有骑廊工况各点值。在行人高度处,两种工况下的风速均低于 0.25m/s,静风区。无骑廊工况的无量纲浓度值水平分布为逐渐上升趋势,有骑廊工况情况相似。但是,在迎风侧由于压力大,风速大,无骑廊工况的无量纲浓度值低于有骑廊工况的无量纲浓度值。在有骑廊和无骑廊工况下,行人高度处背风侧都需要种植乔木等措施以降低浓度。

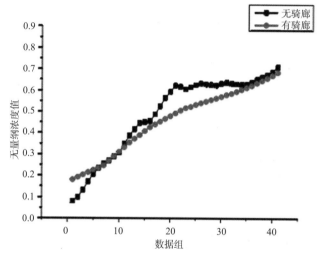

图 5-48　不同建筑形式街谷无量纲浓度分布图

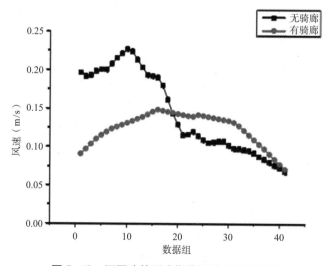

图 5-49　不同建筑形式街谷风速水平分布图

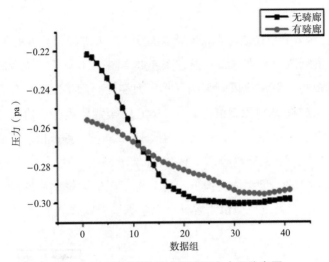

图 5-50　不同建筑形式街谷压力水平分布图

5.2.5.2　典型位置点

同上节所述，在规划设计时，城市交通道路规划设计以满足交通流量为设计目标，控制污染物扩散措施关键在于控制机动车道路边缘和行人区及近建筑区。正如第 3.1 节中的研究分析，本节依然选择分析街谷中典型位置点，即迎风面近窗点，迎风侧行人区中点，迎风侧机动车道路旁，背风侧机动车道路旁，背风侧行人区中点和背风面近窗点的风速、压力和污染物无量纲浓度水平分布。其中各层分析高度为 1.5m 和 4.5m，2 个高度处。

无论在水平分布和垂直分布上，背风面近窗点污染物无量纲浓度值基本高于其他各典型点处，见图 5-51。只有有骑廊工况行人高度的背风面近窗点无量纲浓度值低于背风侧行人区中点。无骑廊工况只有底层和有骑廊工况 1～2 层都需要采取封闭阳台、尽量不开启窗户、垂直绿化和阳台种植等方式，以降低其浓度值。

5.2.5.3　不同层高处

有骑廊和无骑廊工况的本质区别在于建筑立面形式上的不同，本节选择距每层楼板 1.5m 高度处予以分析各参数变化。各层分析高度分别为 1.5m 和 4.5m，2 个高度处的风速平均值，以迎风面点和背风面点处压差值作为分析指标，以无量纲浓度平均值作为评价指标，比较分析上一节中的两种工况，以便得出优化方案和设计策略。

单边建筑街谷内两种工况的风速平均值均小于 0.2m/s，处于静风区、低风速条件下，见图 5-52。在单边建筑二层高度处，有骑廊工况的风速平均值略大于无骑廊工况的风速平均值。无骑廊工况压差为负压，有骑廊工况相反，见图 5-53。有骑廊工况的无量纲浓度平均值大于无骑廊工况的无量纲浓度平均值，见图 5-54。因此，在污染物源项处于一般大和比较大时，有骑廊工况的骑廊下污染物聚集程度较高，1～2 层需要采取封闭阳台、尽量不开启窗户、垂直绿化和阳台种植等方式以降低浓度。

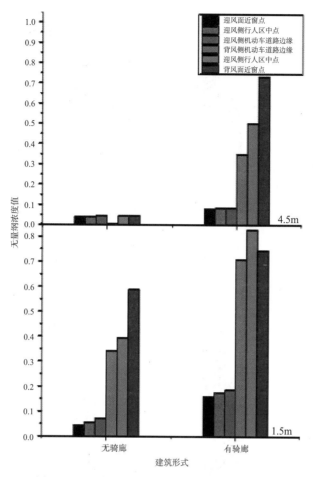

图 5-51　不同建筑形式下街谷在不同高度处无量纲浓度值随典型位置点变化图

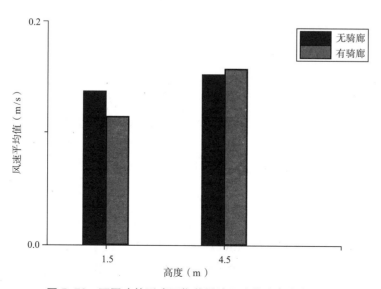

图 5-52　不同建筑形式下街谷风速平均值随高度变化图

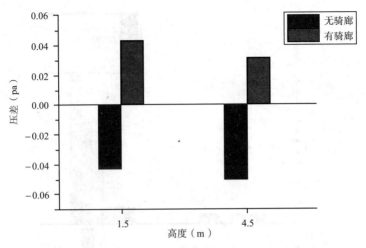

图 5-53　不同建筑形式下街谷压差值随高度变化图

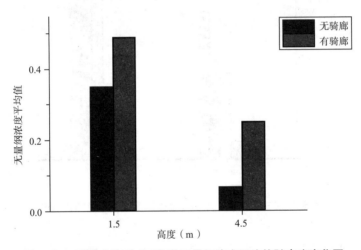

图 5-54　不同建筑形式下街谷无量纲浓度平均值随高度变化图

综上所述，单边建筑街谷空间在室外有污染物源项，街谷走向与来流风向垂直时，空间内出现一个涡旋区。规划设计中需要在背风侧种植乔木。建筑设计策略：LWB 为有骑廊建筑时，骑廊下污染物聚集程度较高，建议采风口布置在接近屋顶高度处。无骑廊建筑只有底层和有骑廊建筑 1~2 层宜采取封闭式阳台、尽量不开启窗户、垂直绿化和阳台种植等方式，以降低其浓度值。

5.2.6　十字交叉口街谷模型模拟分析

十字交叉口街谷，在街谷两端头为十字交叉道路，其中街谷两侧建筑在建筑平面上具有不同的组合布局形式，影响街谷内不同区域的气流组织，这对于街谷内污染物扩散会产生不同影响。因此，本节主要研究十字交叉口街谷模型中风向投射角为 0 度的两侧建筑中心都存在后退距离的 Case1，下风向建筑中心存在后退距离的 Case2，上风向建筑中心存在后退距离的 Case3，街谷东端头有后退距离的 Case4，街谷的东西两端有后退距离的 Case5 和两侧建筑无后退距离的 Case6，以及风向投射角为 90 度的两侧建筑无后退距离的 Case7 和两侧建筑中心有后退距离且街谷两端都有后退距离的 Case8。具体模拟几何模型见图 5-55 所示，所有街谷的上风向建筑 LWB 与下风向建筑 WWB 等高，风向投射角为 0 度，风速 1.6m/s，街谷中心线设置道路线性污染源，宽度为 14m。本节仍然以组团建筑空间中截面 1.5m、4.5m、7.5m、10.5m、13.5m 和 16.5m，共 6 个高度处风速平均值，以迎风面点和背风面点处压差值作为分析指标，以无量纲浓度平均值作为评价指标，比较分析上述八种工况，以便得出优化方案和设计策略。

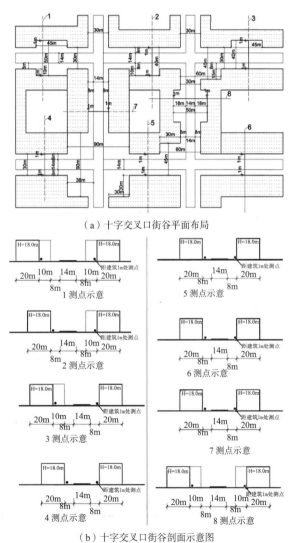

（a）十字交叉口街谷平面布局

（b）十字交叉口街谷剖面示意图

图 5-55　十字交叉口街谷模拟几何模型示意图

5.2.6.1 行人高度处

同上节所述，本节分析街谷中截面行人高度处（成人呼吸带高度处距地 1.5m）风速、压力和污染物无量纲浓度水平分布。通过图 5-56~图 5-58 分析，所有工况的行人

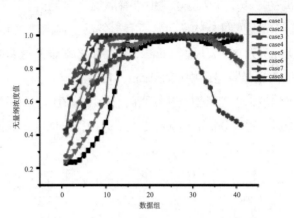

图 5-56 不同建筑形式街谷无量纲浓度分布图

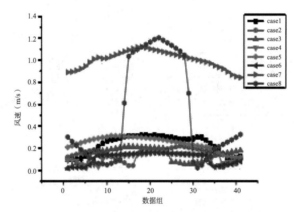

图 5-57 不同建筑形式街谷无量纲浓度分布图

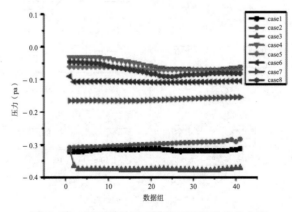

图 5-58 不同建筑形式街谷无量纲浓度分布图

高度风速变化随风向投射角不同，变化趋势明显。当风向投射角为 0 度时，六种工况的风速变化范围在 0 ~ 0.3m/s 之间，静风区，低风速条件下。当风向投射角为 90 度时，Case7 风速变化范围在 0.8 ~ 1.1m/s 之间，变化比较稳定。Case8 在街谷中心处出现风速最大值，然后向两侧逐渐降低后略有回升。所有工况的压力为负压状态，变化趋势稳定，波动小。Case4 各点压力值均大于其他工况。各工况的无量纲浓度值变化趋势基本相似，为先升高后稳定的趋势。只有 Case8 为从街谷中心向两侧降低的趋势，背风侧浓度值高于迎风侧浓度值，但是比其他工况的背风侧各点浓度值都要低。因此，在污染物源项一般大时，所有工况在背风侧都需要种植乔木等措施以降低浓度。其中 Case7 和 Case6 需要在迎风侧也种植乔木等措施以降低浓度。当污染物源项比较大时，所有工况都需要在迎风侧也采取种植乔木等措施以降低浓度。只有 Case3 在污染物源项比较小时，比如 1.3 倍限制值时，迎风侧和背风侧都需要种植乔木等措施以降低浓度。

5.2.6.2 典型位置点

同上节所述，在规划设计时，城市交通道路规划设计以满足交通流量为设计目标，控制污染物扩散措施关键在于控制机动车道路边缘和行人区及近建筑区。正如第 3.1 节中的研究分析，本节依然选择分析街谷中典型位置点，即迎风面近窗点，迎风侧行人区中点，迎风侧机动车道路旁，背风侧机动车道路旁，背风侧行人区中点和背风面近窗点的风速、压力和污染物无量纲浓度水平分布。其中各层分析高度为 1.5m、4.5m、7.5m、10.5m、13.5m 和 16.5m，共 6 个高度处。

无论在水平分布和垂直分布上，背风侧各典型点处污染物无量纲浓度值均高于迎风侧各典型点处，见图 5-59 ~图 5-66。因此，迎风侧机动车道近旁处和背风侧需要种植乔木等绿化设计。在典型位置点处的污染物无量纲浓度值随着高度的增加而逐渐降低。当污染物源项一般大时，只有 Case1 中下风向建筑的迎风侧底层和上风向建筑的背风侧 1 ~ 5

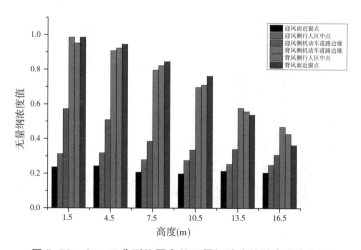

图 5-59 Case1 典型位置点处无量纲浓度值随高度变化图

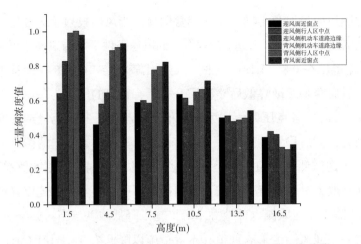

图 5-60　Case2 典型位置点处无量纲浓度值随高度变化图

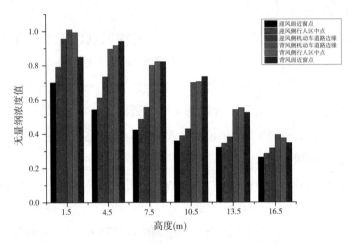

图 5-61　Case3 典型位置点处无量纲浓度值随高度变化图

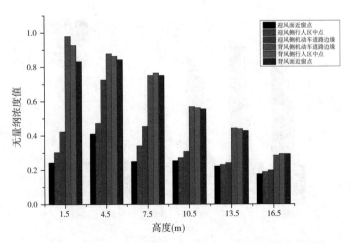

图 5-62　Case4 典型位置点处无量纲浓度值随高度变化图

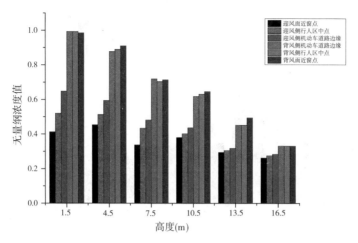

图 5-63　Case5 典型位置点处无量纲浓度值随高度变化图

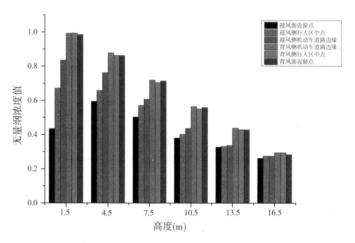

图 5-64　Case6 典型位置点处无量纲浓度值随高度变化图

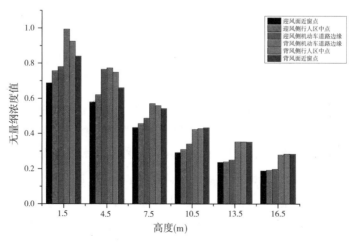

图 5-65　Case7　典型位置点处无量纲浓度值随高度变化图

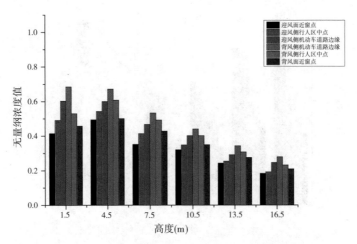

图 5-66　Case8 典型位置点处无量纲浓度值随高度变化图

层，Case2 中下风向建筑的迎风侧底层、3～4 层和上风向建筑的背风侧，Case3 中下风向建筑的迎风侧 1～2 层和上风向建筑的背风侧 1～5 层，Case4～Case6 中上风向建筑的背风侧 1～4 层，Case7 中上风向建筑的背风侧 1～3 层需要采取封闭阳台、尽量不开启窗户、垂直绿化和阳台种植等方式，以降低其浓度值。当污染物源项比较大时，只有 Case1 中下风向建筑的迎风侧 1～2 层和上风向建筑的背风侧需要采取封闭阳台、尽量不开启窗户、垂直绿化和阳台种植等方式，以降低其浓度值。其他工况上风向建筑背风侧需要采取封闭阳台、尽量不开启窗户、垂直绿化和阳台种植等方式，以降低其浓度值。

5.2.6.3　不同层高处

本节选择距每层楼板 1.5m 高度处予以分析各参数变化。各层分析高度分别为 1.5m、4.5m、7.5m、10.5m、13.5m 和 16.5m 共 6 个高度处的风速平均值，以迎风面点和背风面点处压差值作为分析指标，以无量纲浓度平均值作为评价指标，比较分析上一节中的八种工况，以便得出优化方案和设计策略。

当风向投射角为 0 度时，风速平均值除了 Case1 的变化趋势是随着高度的增加逐渐减低，其他七种工况中的变化趋势相似，都是随着高度的增加而逐渐升高，见图 5-67。其变化范围一般在 0.1～0.3m/s，静风区低风速状态。压差值的变化趋势较多样，其中 Case3 在行人高度处出现最大值后随高度增加而逐渐下降，后又在第五层升高，见图 5-68。无量纲浓度平均值变化趋势均为逐渐降低，见图 5-69。若污染物源项浓度值一般大时，1～4 层高度范围内，Case1～Case6 中需要种植乔木等降低污染物浓度的措施。当风向投射角为 90 度时，Case7 和 Case8 风速平均值随高度的增加而升高，见图 5-70。Case7 的压差变化趋势则相反，见图 5-71。其中 Case8 的压差变化范围在 0～0.04Pa 之间。无量纲浓度变化趋势基本为随着高度的增加而逐渐降低，见图 5-72。Case7 和 Case8 中上风向建筑和下风向建筑的 1～3 层需要种植乔木等降低污染物浓度的措施。

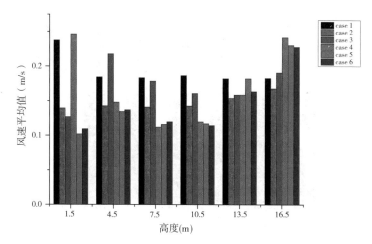

图 5-67　不同建筑形态街谷风速平均值随高度变化图（风向投射角 0 度）

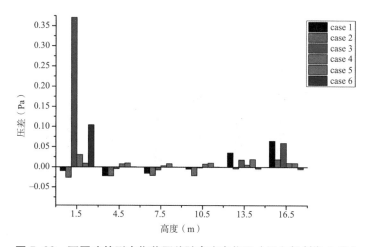

图 5-68　不同建筑形态街谷压差随高度变化图（风向投射角 0 度）

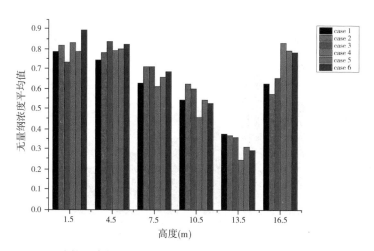

图 5-69　不同建筑形态街谷无量纲浓度平均值随高度变化图（风向投射角 0 度）

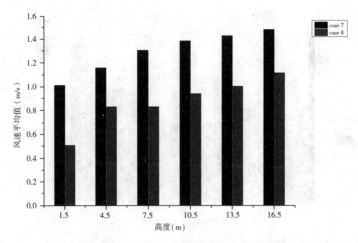

图 5-70　不同建筑形态街谷风速平均值随高度变化图（风向投射角 90 度）

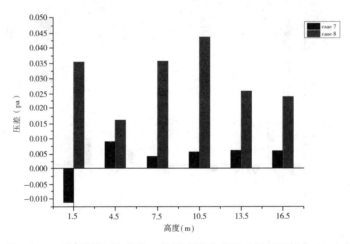

图 5-71　不同建筑形态街谷压差随高度变化图（风向投射角 90 度）

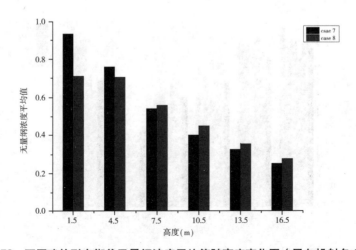

图 5-72　不同建筑形态街谷无量纲浓度平均值随高度变化图（风向投射角 90 度）

　　综上所述，十字交叉口街谷在室外有污染物源项时，风向投射角为 90 度时，水平面速度场（1.5m 高度）组团建筑空间之间会出现风道。街谷交叉口处的建筑适当后退，有利于自然通风，减弱交通污染影响。规划设计策略：当十字交叉口街谷两侧建筑高度相同时，从污染物易于扩散的角度，城市主要街谷走向与城市主导风向宜平行设计。十字交叉口处街谷，在街谷走向与年主导风向垂直时，宜设建筑红线后退距离，可以在角点处设置小型广场。在污染物源项一般大时，不管风向投射角是 0 度还是 90 度，在背风侧宜采取种植乔木等措施。当污染物源项比较大时，甚至在迎风侧也宜采取种植乔木等措施。只有 Case3 在污染物源项比较小时，比如 1.3 倍限制值时，迎风侧和背风侧宜种植乔木等措施。建筑设计策略建议：当污染物源项一般大时，只有 Case1 中下风向建筑的迎风侧底层和上风向建筑的背风侧 1~5 层，Case2 中下风向建筑的迎风侧底层、3~4 层和上风向建筑的背风侧，Case3 中下风向建筑的迎风侧 1~2 层和上风向建筑的背风侧 1~5 层，Case4~Case6 中上风向建筑的背风侧 1~4 层，Case7 中上风向建筑的背风侧 1~3 层宜采取封闭式阳台、尽量不开启窗户、垂直绿化和阳台种植等方式。当污染物源项比较大时，只有 Case1 中下风向建筑的迎风侧 1~2 层和上风向建筑的背风侧宜采取封闭式阳台、尽量不开启窗户、垂直绿化和阳台种植等方式。其他工况上风向建筑背风侧宜采取封闭式阳台、尽量不开启窗户、垂直绿化和阳台种植等方式。

5.2.7　不同临街建筑屋顶形式模型模拟分析

　　交通峡谷内临街建筑屋顶形式是影响交通峡谷内漩涡位置与漩涡结构的主要因素，建筑屋顶或屋檐使得交通峡谷内漩涡结构发生变化，从而改变了峡谷内部气流场，同时峡谷内各测点处污染物的值有明显变化，因此，研究临街建筑屋顶形式对交通峡谷内污染扩散的影响程度具有重要的学术意义。

　　考虑到西安市日照以及降水量等因素，坡屋顶的角度设为 27°，依次研究三种不同屋顶形式对峡谷内污染物传输与扩散的影响程度。其中，三种屋顶模型中温度边界条件以及来流速度边界条件与验证模型设置一致，相应的计算算法设置不变。三种屋顶模型示意图分别如图 5-73、图 5-74、图 5-75 所示。

5.2.7.1　双坡屋顶形式
　　双坡屋顶是指临街两侧建筑均为坡屋顶形式（图 5-76）。

　　图 5-76 是这种屋顶形式下交通峡谷内 12:00 时刻气流场，从中可以看出，交通峡谷中午 12:00 时刻峡谷内部漩涡位于峡谷中心处，且迎风面气流速度高于背风面，因此，漩涡气流带来的污染物容易积聚在建筑背风向。背风面建筑高度从低到高，漩涡气流速度逐渐减弱，因此漩涡气流带来的污染物浓度也应随之减小，屋顶高度处漩涡气流

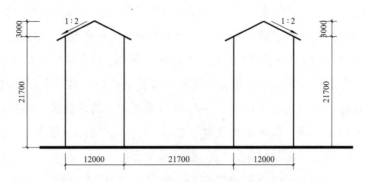

图 5-73 双坡屋顶计算模型示意图

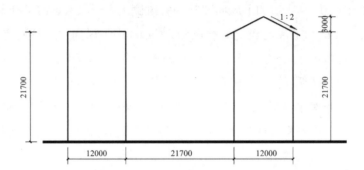

图 5-74 迎风单坡屋顶计算模型示意图

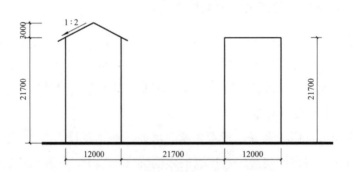

图 5-75 背风单坡屋顶计算模型示意图

的影响最小。因此，屋顶高度处污染物易扩散至大气边界层中。

图 5-77 显示的是双坡屋顶形式下交通峡谷内 12：00 时刻一氧化碳浓度分布，从中可以看出，双坡屋顶形式下交通峡谷中午 12：00 时刻，峡谷内一氧化碳浓度分布与气流场有较强的相关性，建筑背风面一氧化碳浓度值总体大于迎风面一氧化碳浓度值。交通峡谷内部顺时针漩涡气流使得大量的污染物积聚在峡谷内建筑背风面，在背风面底层污染物浓度值最大。同时建筑背风面建筑从低到高，污染物浓度值逐渐降低，屋

顶处污染物浓度值最低，因为漩涡气流所带来的污染物对屋顶处浓度值影响最小。峡谷建筑迎风面由于涡旋气流的影响，壁面附近污染物浓度差异不明显。

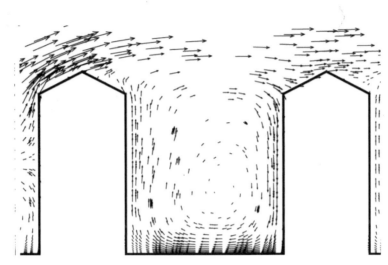

图 5-76　双坡屋顶形式下交通峡谷内 12：00 时刻气流场

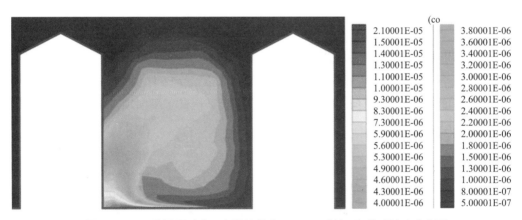

图 5-77　双坡屋顶形式下交通峡谷内 12：00 时刻一氧化碳浓度分布图

图 5-78 显示的是双坡屋顶形式下交通峡谷内相应测点一氧化碳浓度值，从中可以看出，交通峡谷内各测点污染物浓度值随着车流量的增大而升高，在上下班高峰期 8：00 时刻、12：00 时刻以及 18：00 时刻，交通峡谷内污染物浓度值较高。而车流量较小的 15：00 时刻交通峡谷内污染物浓度值最低。交通峡谷内测点 2 处污染物浓度值最高，18：00 时刻出现最大值 18.823ppm；测点 5 处污染物浓度最低，15：00 时刻出现最小值 0.734ppm。污染物浓度分布基本符合交通峡谷内气流场对一氧化碳浓度影响的规律，即背风面建筑底层污染物浓度值较大，从低到高污染物浓度逐渐减小。迎风面污染物浓度随建筑高度变化不大。

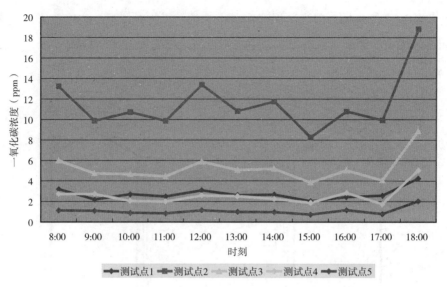

图 5-78　双坡屋顶形式下交通峡谷内相应测点一氧化碳浓度值

5.2.7.2　迎风单坡屋顶形式

迎风单坡是指峡谷内部迎风侧临街建筑为坡屋顶，而峡谷内背风面建筑为平屋顶。

图 5-79 显示的是迎风单坡屋顶形式下交通峡谷内 12：00 时刻气流场，从中可以看出，迎风单坡屋顶形式下交通峡谷 12：00 时刻峡谷内部中心处出现涡旋，且漩涡影响范围达到平屋顶高度。峡谷内迎风面与背风面风速差异较小，因此迎风面与背风面处浓度随高度差异不大。但坡屋顶处出现局部涡旋，因此，平屋顶高度处污染物浓度应稍大于坡屋顶处。

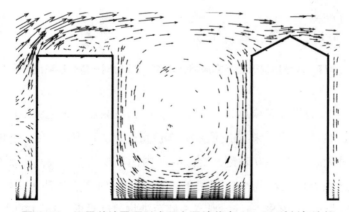

图 5-79　迎风单坡屋顶形式下交通峡谷内 12：00 时刻气流场

图 5-80 显示的是迎风单坡屋顶形式下交通峡谷内 12：00 时刻一氧化碳浓度分布，从中可以看出，迎风单坡屋顶形式下交通峡谷一氧化碳浓度分布与气流场有较强相关

性。背风面一氧化碳浓度稍大于迎风面。同时背风面底层建筑处一氧化碳积聚较少，背风面从低到高污染物浓度变化不大，背风面屋顶处一氧化碳浓度值大于迎风面屋顶处。

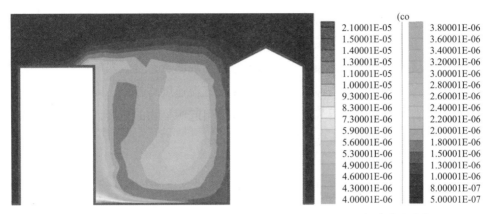

图 5-80　迎风单坡屋顶形式下交通峡谷内 12∶00 时刻一氧化碳浓度分布图

　　图 5-81 显示的是迎风单坡屋顶形式下交通峡谷内相应测点一氧化碳浓度值，从中可以看出，交通峡谷内各测点一氧化碳浓度值随着车流量的增大而升高，在上下班高峰期 8∶00 时刻、12∶00 时刻以及 18∶00 时刻，交通峡谷内一氧化碳浓度值较高，而车流量较小的 15∶00 时刻交通峡谷内一氧化碳浓度值最低。交通峡谷内水平测点 2 处污染物浓度值最高，18∶00 时刻出现最大值 15.712ppm；水平测点 1 处污染物最低，15∶00 时刻出现最小值 2.019ppm。污染物浓度分布基本符合交通峡谷内气流场对一氧化碳浓度影响的规律，即峡谷内建筑背风面底层受峡谷内部涡流影响易出现一氧化碳

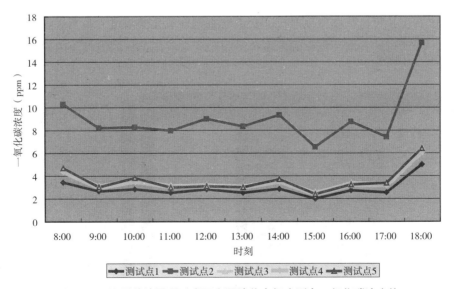

图 5-81　迎风单坡屋顶形式下交通峡谷内相应测点一氧化碳浓度值

积聚，但积聚浓度相对较小。背风面沿高度一氧化碳浓度分布均匀，屋顶高度处一氧化碳浓度值稍高。

5.2.7.3 背风单坡屋顶形式

背风单坡屋顶形式是指交通峡谷内背风面建筑屋顶为坡屋顶，而迎风面建筑为平屋顶。

图 5-82 显示的是背风单坡屋顶形式下交通峡谷内 12：00 时刻气流场，从中可以看出，背风单坡屋顶形式下交通峡谷内部中心处出现涡旋，且漩涡的影响范围仅限于峡谷内部。峡谷内部背风面与迎风面屋顶高度处气流速度均较小，同时涡旋内部速度不大。峡谷内背风面建筑底层气流较缓慢，容易引起污染物的积聚，而迎风面气流速度较大，有利于污染物的传输与扩散。

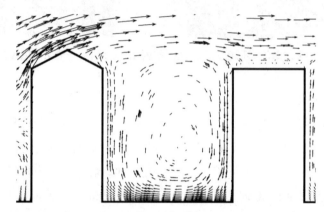

图 5-82　背风单坡屋顶形式下交通峡谷内 12：00 时刻气流场

图 5-83 显示的是背风单坡屋顶形式下交通峡谷内 12：00 时刻一氧化碳浓度分布，从中可以看出，背风单坡屋顶形式下交通峡谷内一氧化碳浓度分布与气流场有较强的相关性。漩涡对峡谷内一氧化碳影响范围仅限于峡谷内部。同时峡谷内建筑背风面底

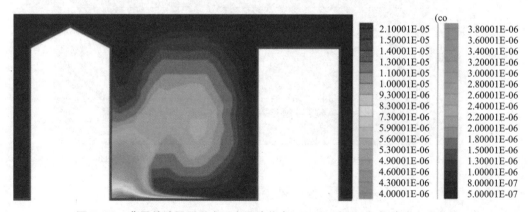

图 5-83　背风单坡屋顶形式下交通峡谷内 12：00 时刻一氧化碳浓度分布图

层易引起一氧化碳积聚，相应区域内一氧化碳浓度值较高。两侧屋顶高度处受涡旋气流影响较小，因此屋顶高度处一氧化碳浓度值差异不大。

图 5-84 显示的是背风单坡屋顶形式下交通峡谷内相应测点一氧化碳浓度值，从中可以看出，交通峡谷内各测点污染物浓度值随着车流量的增大而升高，在上下班高峰期 8：00 时刻、12：00 时刻以及 18：00 时刻，交通峡谷内污染物浓度值较高，而车流量较小的 15：00 时刻交通峡谷内污染物浓度值最低。交通峡谷内测点 2 处污染物浓度值最高，18：00 时刻出现最大值 20.961ppm；测点 5 处污染物最低，15：00 时刻出现最小值 0.530ppm。污染物浓度分布基本符合交通峡谷内气流场对一氧化碳浓度的影响规律，即背风面建筑底层易产生一氧化碳积聚。峡谷内背风面从低至高，一氧化碳浓度值受漩涡影响明显，底层建筑处污染物浓度值最大；从建筑中部至屋顶，漩涡气流影响逐渐减小，相应垂直高度测点 3、测点 4 与测点 5 处污染物浓度值呈现明显递减规律。

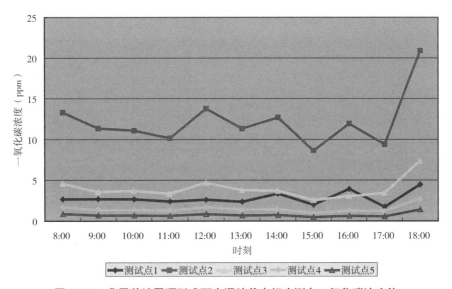

图 5-84　背风单坡屋顶形式下交通峡谷内相应测点一氧化碳浓度值

5.2.7.4　四种屋顶形式比较分析

图 5-85 显示的是不同屋顶形式下交通峡谷水平测点 1 处一氧化碳浓度值，从中可以看出，双平屋顶形式下水平测点 1 处一氧化碳浓度值明显较低，其余三种屋顶形式情况下水平测点 1 处一氧化碳浓度值较为接近。因此，现行常用的四种屋顶形式中，平屋顶建筑形式对背风面道路行人健康最为有利。

图 5-86 显示的是不同屋顶形式下交通峡谷水平测点 2 处一氧化碳浓度值，从中可以看出，迎风单坡屋顶形式下的测点 2 处一氧化碳浓度值相对较低。现行常用的四种屋顶形式下背风面底层建筑室内空气质量均为不良，对人体健康危害较大。

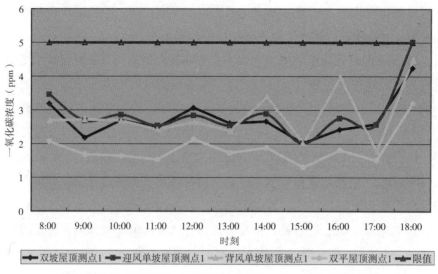

图 5-85　不同屋顶形式下交通峡谷测点 1 处一氧化碳浓度值

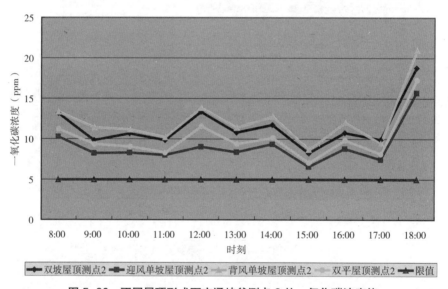

图 5-86　不同屋顶形式下交通峡谷测点 2 处一氧化碳浓度值

　　图 5-87 显示的是不同屋顶形式下交通峡谷垂直测点 3 处一氧化碳浓度值，从中可以看出，双坡屋顶形式下垂直测点 3 处一氧化碳浓度值较高，双平屋顶形式次之，迎风单坡屋顶与背风单坡屋顶形式下测点 3 处浓度值较相近，且一氧化碳浓度值均较低。迎风单坡或背风单坡屋顶形式对背风面临街建筑中部室内空气质量影响相对较小。

　　图 5-88 显示的是不同屋顶形式下交通峡谷垂直测点 4 处一氧化碳浓度值，从中可以看出，双坡屋顶与迎风单坡屋顶形式下垂直测点 4 处一氧化碳浓度值相对较高，双坡屋顶形式次之，背风单坡屋顶形式下测点 3 处浓度值最小。背风单坡屋顶形式下背

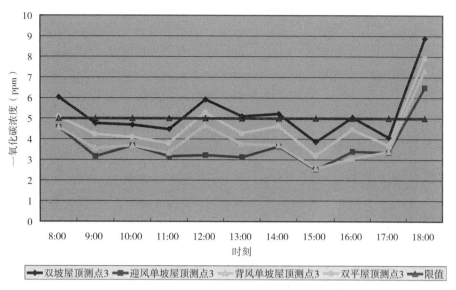

图 5-87　不同屋顶形式下交通峡谷测点 3 处一氧化碳浓度值

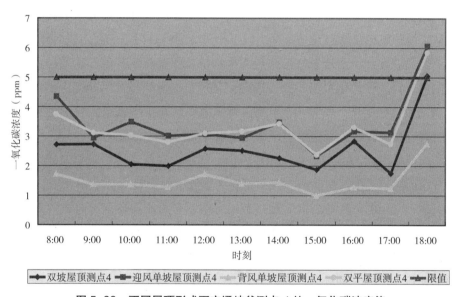

图 5-88　不同屋顶形式下交通峡谷测点 4 处一氧化碳浓度值

风面建筑中上部室内空气质量最有利于人体健康。

　　图 5-89 显示的是不同屋顶形式下交通峡谷屋顶测点 5 处一氧化碳浓度值,从中可以看出,正常情况下,除了迎风单坡屋顶形式下屋顶测点 5 处一氧化碳浓度值最大,其余三种屋顶形式下屋顶测点 5 处一氧化碳浓度值差别不大。其中,背风单坡屋顶形式下测点 5 处一氧化碳浓度值相对较小,因此建筑屋顶处可设置上人屋面或者屋顶活动场所。

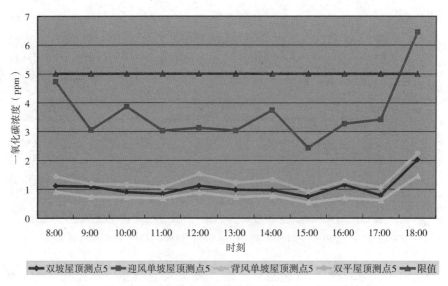

图 5-89　不同屋顶形式下交通峡谷测点 5 处一氧化碳浓度

　　由上述模拟结果可以看出，交通峡谷内建筑形态的设计要素对一氧化碳有很大的影响。从定量的模拟数据出发，可提出以下相关交通峡谷内临街建筑设计策略：

　　（1）交通峡谷背风面建筑底层附近污染物浓度值较高，其值已远超国家规范中空气含量限值，对人体健康最为不利，因此，建议在交通峡谷背风面底层不要设置人员聚集活动场所，如广场、学校出入口等；背风面底层建筑不宜采用自然通风方式，需配置相应具有高吸收性的绿化植物，从而适当降低污染物浓度。

　　（2）交通峡谷内污染物对背风面建筑中上部室内空气环境影响相对较小，因而可不考虑背风面建筑中上部房间内空气质量对人体健康的影响。

　　（3）现行常用的三种峡谷高宽比规范尺寸中，交通峡谷高宽比为 1∶1 时临街建筑迎风面污染物浓度最小。因此，正常工作时间内，交通峡谷高宽比为 1∶1 时迎风面处可布置人员聚集的建筑，如办公楼、写字楼等。

　　（4）现行常用的三种峡谷高宽比规范尺寸中，交通峡谷高宽比为 1∶1.3 时交通峡谷内各点污染物浓度值均达到最大，不仅对道路行人的健康危害较大，同时还通过建筑自然通风降低建筑室内空气质量。因此交通量比较大的路段在规划设计中应避免采用交通高宽比为 1∶1.3 或接近 1∶1.3 的比例尺寸。

　　（5）交通峡谷内高宽比为 1∶1.5 时峡谷内水平行人呼吸高度方向出现两处污染物浓度积聚区。因此，现行常用的三种峡谷高宽比规范尺寸中，交通峡谷高宽比为 1∶1.5时，正常工作时间内，迎风面与背风面道路旁应避免设置人员密集停留区域，如广场等。

　　（6）交通峡谷内建筑屋顶采用背风单坡形式时，除背风面底层污染物浓度稍高，其余区域污染物浓度值均处于较低值。因此，背风单坡屋顶形式最有利于交通峡谷内污染物的扩散，临街建筑设计中应尽量采用背风单坡屋顶形式。

（7）交通峡谷内建筑屋顶采用迎风单坡形式时，除背风面底层污染物浓度略低，其余区域污染物浓度值均处于较高值。因此，迎风单坡屋顶形式最不利于交通峡谷内污染物的扩散，临街建筑设计中应提倡避免采用迎风单坡屋顶形式。

5.2.8　不同建筑窗口形式模型模拟分析

污染物通过室外流场向室内扩散时,窗口形式是决定污染物浓度及其分布的重要因素。已有研究表明，不同窗户开启方式、窗口形状、开窗位置、窗口大小都会直接影响污染物扩散情况。由于现有西安住宅建筑多使用推拉窗,因此,着重利用软件建立合理的三维模型,分析推拉窗的通风口在不同位置及不同通风口面积和通风口形状时污染物分布及浓度的影响及其变化规律。不同的开窗位置及窗口形状将会影响到室内污染物分布及浓度。人在室内站立时口鼻呼吸处的高度在 1.5 m 左右，即主要研究 1.5 m 高度处污染物浓度分布情况。通过分析窗口形式改变后室内流场的变化，得到污染物在室内的分布情况，总结出室内环境与窗户形式间关系，提出有益于人居住的室内环境下的窗口设计形式。

通过查看《GB50096-2011 住宅设计规范》《陕西省绿色建筑评价标准实施细则》《严寒和寒冷地区居住建筑节能设计标准》、《西安市居住建筑节能设计标准》等标准规范，并参考窗口设计模数，综合分析现有窗口尺寸，得出有应用价值的模拟窗口尺寸（高 × 宽），分别为 1.2m × 1.2m、1.5m × 0.9m、0.9m × 1.5m，这里的窗口尺寸指的是通风口大小；窗口位置分别设置为居外墙左侧、右侧、居中。依次组合不同的位置和尺寸，研究不同工况下室内污染物的浓度分布规律，即尺寸为 1.2m × 1.2m 的窗口分别布置在左、中、右，尺寸为 1.5m × 0.9m 的窗口布置在左、中、右与尺寸为 0.9m × 1.5m 的窗口布置在左、中、右时的室内污染物的浓度分布。模拟时只改变窗口尺寸或位置。

为保证模型的正确性及各参数选择的正确性，首先对室外污染物向室内扩散的测试原型进行建模，模型如图 5-90 所示。街道长 43m，街宽 23m，测试房间所在建筑高度为 9.5m，对面建筑高 18m，窗户开口大小为 $1.15 × 0.75m^2$，房间高为 2.6m，测点距地面高度 1.5m。假设街谷内只存在空气与一氧化碳两种气体。街道设置为污染物扩散的面污染源。网格由软件自动生成。

5.2.8.1　不同窗口形式下的室内流场及污染物浓度分布

（1）室外污染物通过方形通风口向室内的扩散情况

1）通风口居左

第一种工况模拟的是通风高 × 宽的尺寸为 1.2m × 1.2m，即方形通风口，将其布置在左侧时室内 CO 的分布情况。模拟所得一氧化碳浓度分布如图 5-91。根据图像和数表看出，街道内污染物迎风侧浓度远小于背风侧。室内外气流在窗口处交换，污

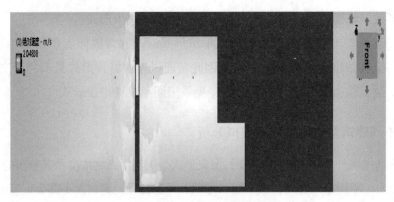

图 5-90　计算模型框架图

染物在窗口处堆积，浓度大于室外。随着空气向室内不断扩散，污染物浓度有些许降低，且污染物浓度较稳定，基本无变化。

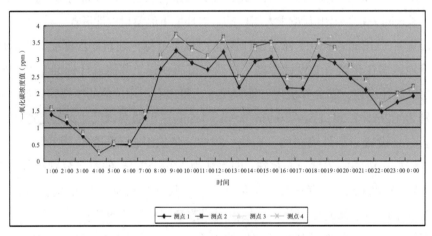

图 5-91　左侧开窗（1.2m×1.2m）一氧化碳浓度值

2）通风口居右

第二种工况模拟的是将方形通风口布置在右侧时室内 CO 的分布情况。模拟所得各测点一氧化碳浓度值如图 5-92。污染物浓度值在室内离窗口最近的测点——测点 2 达到最大值，测点 3、测点 4 的污染物浓度值有少许降低，但变化不大，降低程度小。

3）通风口居中

第三种工况模拟的是居中布置方形通风口时室内 CO 的分布情况。模拟所得各测点一氧化碳浓度值如图 5-93。从图中看出，室内未开门，只有窗口一处通风，空气由窗口流入，在室内扩散和流动，再由窗口处流出，导致污染物在窗口处积聚，随后向室内逐渐扩散。因此，污染物浓度在窗口处浓度较高，别处逐渐减小。由测点 2 向测

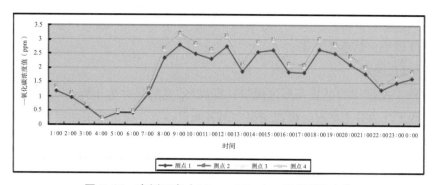

图 5-92　右侧开窗（1.2m×1.2m）一氧化碳浓度值

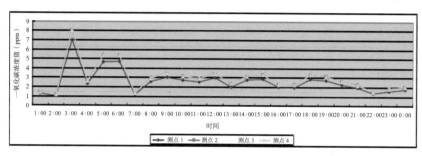

图 5-93　中间开窗（1.2m×1.2m）一氧化碳浓度值

点 3、测点 4 污染逐渐扩散，浓度略有降低。某些时段污染物在测点 4 由于墙体反射，污染物略有升高，但幅度很小。

（2）室外污染物通过窄长形通风口向室内的扩散情况

1）通风口居左

第四种工况模拟的是窄长形通风口，即高 × 宽的尺寸为 1.5m×0.9m，将其布置在左侧室内 CO 的分布情况。模拟所得各测点一氧化碳浓度值如图 5-94。根据图像和数表看出，污染物在窗口聚集浓度值大于室外，即室外测点 1 处浓度值小于室内窗口

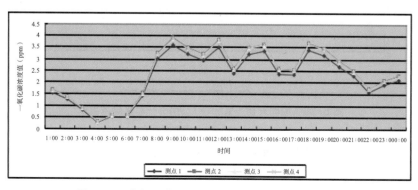

图 5-94　左侧开窗（1.5m×0.9m）一氧化碳浓度值

处测点 2 处污染物浓度。随着空气向室内不断扩散，测点 3、测点 4 的污染物浓度降低，但降低幅度很小，基本无变化。

2）通风口居右

第五种工况模拟的是长条形通风口，即高 × 宽的尺寸为 1.5m×0.9m，将其布置在右侧室内 CO 的分布情况。模拟所得室内各测点一氧化碳浓度值如图 5-95 所示。

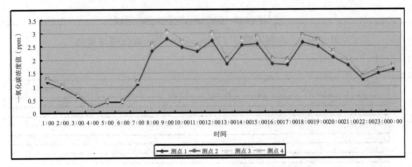

图 5-95　右侧开窗（1.5m×0.9m）一氧化碳浓度值

各测点随时间的变化规律是相同的，在不同的时间点，模拟得到的规律均为测点 2——室内窗口处测点污染物浓度值最大，向室内扩散的测点 3、测点 4 污染物浓度值逐渐降低，但变化较平稳且幅度小。

3）通风口居中

第六种工况模拟的是居中布置长条形通风口其室内 CO 的分布情况。模拟所得各测点一氧化碳浓度值如图 5-96。污染物在窗口处有积聚，浓度变大。随着污染物的扩散，浓度逐渐降低，在室内较稳定，且污染物数值与窗口处相比变化不大，略有降低。

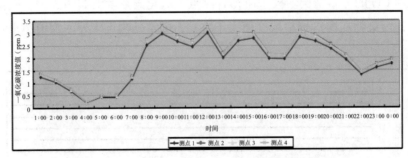

图 5-96　中间开窗（1.5m×0.9m）一氧化碳浓度值

（3）室外污染物通过扁宽形通风口向室内的扩散情况

1）通风口居左

第七种工况模拟的是扁宽形通风口，即高 × 宽的尺寸为 0.9m×1.5m，将其布置在左侧时室内 CO 的分布情况。模拟所得各测点一氧化碳浓度值如图 5.97。由于房间内只开窗，未开门，只有窗户一处通风，污染物在窗口处堆积，污染物浓度在窗口处略有升高。随后由于扩散作用，别处污染物浓度略有降低，但与窗口处浓度接近，降低幅度小，基本稳定无变化。

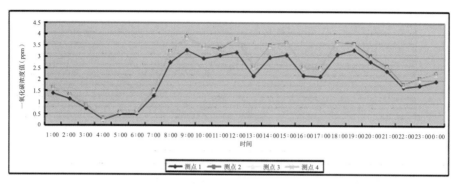

图 5-97　左侧开窗（0.9m×1.5m）一氧化碳浓度值

2）通风口居右

第八种工况模拟的是扁宽形通风口，即高 × 宽的尺寸为 0.9m×1.5m，将其布置在右侧时室内 CO 的分布情况。模拟所得各测点一氧化碳浓度值如图 5-98。污染物在窗口处积聚，污染物浓度值较高，在随后向室内的扩散过程中，室内污染物在某些时刻由于墙体的反射使污染物有少量积聚，但污染物浓度的增加不明显，浓度值的变化非常小。

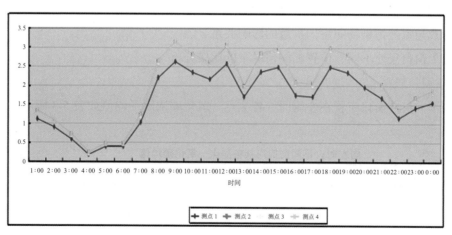

图 5-98　右侧开窗（0.9m×1.5m）一氧化碳浓度值

3）通风口居中

第九种工况模拟的是扁宽形通风口，即高 × 宽的尺寸为 0.9m×1.5m，将其居中布置时室内 CO 的分布情况。模拟所得各测点一氧化碳浓度值如图 5-99。室内外空气在窗口处进行交换和对流，因此，在窗口处污染物积聚，污染物浓度较大。污染物从窗口向室内扩散，浓度变化较小，数值略有降低。某些时段污染物在测点 4 由于墙体反射，污染物浓度略有升高，但幅度很小，与测点 3 数值相差无几。

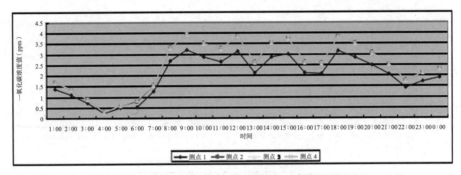

图 5-99　中间开窗（0.9m×1.5m）一氧化碳浓度值

5.2.8.2　不同窗户形式对污染物浓度分布影响的比较分析

由模拟数据发现，改变窗户形式后，污染物浓度的变化主要是在室外测点 1 到室内测点 2 的变化，室内污染物浓度变化稳定，从室内测点 2 到室内测点 3、测点 4 一氧化碳浓度基本无变化，较稳定。因此，在分析不同窗口形状与位置对室外污染物向室内扩散影响情况时，只研究测点 1 与测点 2 一氧化碳浓度数值，分析测点 2 相对于测点 1 的变化程度。分析模拟不同窗户形式的室内外一氧化碳浓度值，通过测点 1 与测点 2 的变化值与测点 1 一氧化碳浓度值的比，计算各种形式下比值的大小，总结出窗户形式与室外污染物向室内扩散的影响关系。

（1）窗口尺寸不同、位置相同情况下的比较分析

1）窗口居左

当不同尺寸窗口布置在左侧时，各测点一氧化碳浓度平均值如表 5-3 所示。

居左时，不同窗口形状各测点一氧化碳均值　　　　　　　　　　表 5-3

窗口（m）	测点 1	测点 2	测点 3	测点 4
1.2×1.2	2.78	3.19	3.18	3.18
1.5×0.9	3.04	3.3	3.29	3.3
0.9×1.5	2.95	3.39	3.38	3.37

窗口居左，不同的窗口形状下，室内测点 2、测点 3、测点 4 相对室外测点 1 一氧化碳浓度的变化值如表 5-4、表 5-5 所示。

窗口居左时，各测点与测点 1 的绝对差值　　　　表 5-4

窗口（m）	测点 2	测点 3	测点 4
1.2×1.2	0.41	0.4	0.4
1.5×0.9	0.26	0.25	0.26
0.9×1.5	0.44	0.43	0.42

窗口居左时，各测点与测点 1 的相对差值　　　　表 5-5

窗口（m）	测点 2	测点 3	测点 4
1.2×1.2	14.70%	14.39%	14.39%
1.5×0.9	8.55%	8.22%	8.55%
0.9×1.5	14.90%	14.58%	14.24%

由上述表格可以发现，当窗口布置在左侧时，尺寸为 0.9m×1.5m 的窗口由室外向室内扩散的污染物浓度大于 1.2m×1.2m 的窗口，一氧化碳浓度相对差值大 0.2%；1.2m×1.2m 的窗口室外向室内扩散的污染物浓度大于尺寸为 1.5m×0.9m 的窗口，相对差值大 6.15%；0.9m×1.5m 的窗口的相对差值大于 1.5m×0.9m 的窗口 6.35%。通过比较发现，窗口居左布置时，污染物由方形窗向室内扩散的浓度大于扁宽形窗，扁宽形窗的污染物浓度大于窄长形窗，因此，当窗口布置在左侧时，宜采用窄长形窗。

2）窗口居右

当不同尺寸窗口布置在右侧时，各测点一氧化碳浓度平均值如表 5-6 所示。

窗口居右时，不同窗口形状各测点一氧化碳均值　　　　表 5-6

窗口（m）	测点 1	测点 2	测点 3	测点 4
1.2×1.2	2.39	2.72	2.72	2.72
1.5×0.9	2.37	2.62	2.61	2.61
0.9×1.5	2.24	2.66	2.66	2.66

窗口居右，不同的窗口形状下，室内测点 2、测点 3、测点 4 相对室外测点 1 的变化值如表 5-7、表 5-8 所示。

窗口居右时，各测点与测点 1 的绝对差值　　　　表 5-7

窗口（m）	测点 2	测点 3	测点 4
1.2×1.2	0.33	0.33	0.33
1.5×0.9	0.25	0.24	0.24
0.9×1.5	0.42	0.42	0.42

窗口居右时，各测点与测点 1 的相对差值　　　表 5-8

窗口（m）	测点 2	测点 3	测点 4
1.2×1.2	13.81%	13.81%	13.81%
1.5×0.9	10.55%	10.13%	10.13%
0.9×1.5	18.75%	18.75%	18.75%

由上述表格可以发现，当窗口布置在右侧时，尺寸为 0.9m×1.5m 的窗口由室外向室内扩散的污染物浓度大于 1.2m×1.2m 的窗口，一氧化碳浓度相对差值大 4.94%；1.2m×1.2m 的窗口室外向室内扩散的污染物浓度大于尺寸为 1.5m×0.9m 的窗口，相对差值大 3.26%；0.9m×1.5m 的窗口的相对差值大于 1.5m×0.9m 的窗口 8.2%。通过比较发现，窗口居右布置时，污染物由扁宽形窗向室内扩散的浓度大于方形窗，方形窗的污染物浓度大于窄长形窗，因此，当窗口布置在右侧时，宜采用窄长形窗口，不宜使用扁宽形窗。

3）窗口居中

当不同尺寸窗口布置在中间时，各测点一氧化碳浓度平均值如表 5-9 所示。

窗口居中时，不同窗口形状各测点一氧化碳均值　　　表 5-9

窗口（m）	测点 1	测点 2	测点 3	测点 4
1.2×1.2	1.83	2.12	2.11	2.11
1.5×0.9	2.57	2.81	2.8	2.8
0.9×1.5	2.74	3.37	3.37	3.37

窗口居中，不同的窗口形状下，室内测点 2、测点 3、测点 4 相对室外测点 1 的变化值如表 5-10、表 5-11 所示。

窗口居中时，各测点与测点 1 一氧化碳值的绝对差值　　　表 5-10

窗口（m）	测点 2	测点 3	测点 4
1.2×1.2	0.29	0.28	0.28
1.5×0.9	0.24	0.23	0.23
0.9×1.5	0.63	0.63	0.63

窗口居中时，各测点与测点 1 一氧化碳值的相对差值　　　表 5-11

窗口（m）	测点 2	测点 3	测点 4
1.2×1.2	15.85%	15.30%	15.30%
1.5×0.9	9.34%	8.95%	8.95%
0.9×1.5	22.99%	22.99%	22.99%

由上述表格可以发现，当窗口居中布置时，尺寸为 0.9m×1.5m 的窗口由室外向室内扩散的污染物浓度大于 1.2m×1.2m 的窗口，一氧化碳浓度相对差值高 7.14%；1.2m×1.2m 的窗口室外向室内扩散的污染物浓度大于尺寸为 1.5m×0.9m 的窗口，相对差值高 6.51%；0.9m×1.5m 的窗口的相对差值大于 1.5m×0.9m 的窗口 13.65%。由此可见，窗口居中布置时，污染物由扁宽形窗向室内扩散的浓度大于方形窗，方形窗的污染物浓度大于窄长形窗，因此，当窗口布置在右侧时，宜采用窄长形窗口，不宜使用扁宽形窗。对比分析不同形式的窗口布置在相同位置时室外污染物向室内的扩散情况，得到结论为：窗口高×宽为 0.9m×1.5m 的室内污染物浓度大于 1.2m×1.2m 的窗口，窗口高×宽为 1.2m×1.2m 的室内污染物浓度大于 1.5m×0.9m 的窗口。当 0.9m×1.5m 的窗口在右侧布置、居中布置、左侧布置时分别比 1.2m×1.2m 窗口的一氧化碳浓度相对差值大 4.94%、7.14%、0.2%；1.2m×1.2m 的窗口在右侧、居中、左侧布置时分别比 1.5m×0.9m 窗口的一氧化碳浓度相对差值大 3.26%、6.51%、6.15%；当 0.9m×1.5m 的窗口在右侧布置、居中布置、左侧布置时分别比 1.5m×0.9m 窗口的一氧化碳浓度相对差值大 8.2%、13.65%、6.35%，即扁宽形窗口的污染物浓度值＞方形窗口的污染物浓度值＞窄长形窗口。

（2）窗口位置不同、尺寸相同情况下的比较分析

1）方形窗口

方形窗口，即高×宽的尺寸为 1.2m×1.2m，分别布置在左、中、右三个不同位置时，各测点一氧化碳均值如表 5-12 所示。

方形窗口在不同位置时各测点一氧化碳均值　　　　　表 5-12

位置	测点 1	测点 2	测点 3	测点 4
左侧	2.78	3.19	3.18	3.18
右侧	2.39	2.72	2.72	2.72
中间	1.83	2.12	2.11	2.11

方形窗口在不同位置时，室内测点 2、测点 3、测点 4 相对室外测点 1 的一氧化碳浓度变化值如表 5-13、表 5-14 所示。

方形窗口在各位置各测点与测点 1 的绝对差值　　　　　表 5-13

位置	测点 2	测点 3	测点 4
左侧	0.41	0.4	0.4
右侧	0.33	0.33	0.33
中间	0.29	0.28	0.28

方形窗口在各位置各测点与测点 1 的相对差值　　　　表 5-14

位置	测点 2	测点 3	测点 4
左侧	14.75%	14.39%	14.39%
右侧	13.81%	13.81%	13.81%
中间	15.85%	15.30%	15.30%

由上述表格可以发现，方形窗口在左、右、中三个不同位置时，布置在中间比在左侧由室外向室内扩散的污染物浓度大 1.1%，布置在左侧比布置在右侧的一氧化碳相对差值大 0.94%，布置在中间比布置在右侧相对差值大 2.04%。

通过比较发现，方形窗口居中布置时污染物由室外向室内扩散的浓度最大，方形窗口居右时污染物浓度最小，因此，在布置方形窗口时，应避免居中布置。

2）窄长形窗口

窄长形窗口，即高 × 宽的尺寸为 1.5m × 0.9m，分别布置在左、中、右三个不同位置时，各测点一氧化碳均值如表 5-15 所示。

窄长形窗口在不同位置时各测点一氧化碳均值　　　　表 5-15

位置	测点 1	测点 2	测点 3	测点 4
左侧	3.04	3.3	3.29	3.3
右侧	2.37	2.57	2.57	2.57
中间	2.57	2.81	2.8	2.8

窄长形窗口在不同位置时，室内测点 2、测点 3、测点 4 相对室外测点 1 的一氧化碳浓度变化值如表 5-16、表 5-17 所示。

窄长形窗口在各位置各测点与测点 1 的绝对差值　　　　表 5-16

位置	测点 2	测点 3	测点 4
左侧	0.26	0.25	0.26
右侧	0.2	0.2	0.2
中间	0.24	0.23	0.23

窄长形窗口在各位置各测点与测点 1 的相对差值　　　　表 5-17

位置	测点 2	测点 3	测点 4
左侧	8.55%	8.22%	8.55%
右侧	8.64%	8.64%	8.64%
中间	9.34%	8.95%	8.95%

由上述表格可以发现，窄长形窗口在左、右、中三个不同位置时，布置在中间比右侧由室外向室内扩散的污染物浓度大 0.7%，布置在右侧比布置在左侧的一氧化碳相对差值大 0.09%，布置在中间比布置在左侧相对差值大 0.79%。

通过比较发现，窄长形窗口居右布置时污染物由室外向室内扩散的浓度最大，窄长形窗口居左时污染物浓度最小，因此，在布置方形窗口时，应尽量布置在左侧。

3）扁宽形窗口

扁宽形窗口，即高 × 宽的尺寸为 0.9m × 1.5m，分别布置在左、中、右三个不同位置时，各测点一氧化碳均值如表 5-18 所示。

扁宽形窗口在不同位置时各测点一氧化碳均值　　　　表 5-18

位置	测点 1	测点 2	测点 3	测点 4
左侧	2.95	3.36	3.34	3.33
右侧	2.24	2.66	2.66	2.66
中间	2.74	3.37	3.37	3.37

扁宽形窗口在不同位置时，室内测点 2、测点 3、测点 4 相对室外测点 1 的一氧化碳浓度变化值如表 5-19、表 5-20 所示。

扁宽形窗口在各位置各测点与测点 1 的绝对差值　　　　表 5-19

位置	测点 2	测点 3	测点 4
左侧	0.41	0.39	0.38
右侧	0.42	0.42	0.42
中间	0.63	0.63	0.63

扁宽形窗口在各位置各测点与测点 1 的相对差值　　　　表 5-20

位置	测点 2	测点 3	测点 4
左侧	13.90%	13.22%	12.88%
右侧	18.75%	18.75%	18.75%
中间	22.99%	22.99%	22.99%

由上述表格可以发现，扁宽形窗口在左、右、中三个不同位置时，布置在中间比在右侧由室外向室内扩散的污染物浓度大 4.24%，布置在中间比布置在左侧的一氧化碳相对差值大 9.09%，布置在右侧比布置在左侧相对差值大 4.85%。

通过比较发现，扁宽形窗口居中布置时污染物由室外向室内扩散的浓度最大，扁宽形窗口居左时污染物浓度最小，因此，在布置扁宽形窗口时，应避免居中布置。 对比分析相同形式的窗口布置在不同位置时室外污染物向室内的扩散情况，得到结论为：在 1.2m×1.2m、1.5m×0.9m、0.9m×1.5m 三种尺寸下，中间开窗比右侧开窗的污染物浓度相对差值分别大 0.94%、0.7%、4.24%；中间开窗比左侧开窗的污染物浓度相对差值分别大 1.1%、0.79%、9.09%。因此，当相同的窗口形式布置在不同位置时，中间开窗比两侧开窗会使室内有更高的污染物浓度；各形式窗口布置在左侧与布置在右侧对室内污染物分布没有明显影响。

5.2.9 单层工业厂房模型模拟分析

单层工业厂房属于工业生产型空间中比较常见的一种建筑，由于其内部具有强热源以及线性污染源，不同于城市交通峡谷空间和生活型街谷空间的边界条件，组团建筑空间内污染物扩散特性也相应有所不同。因此，本节研究对象为行列式组团建筑，以某钢厂为原型，见图 5-100，WWB 侧为一般单层工业厂房配套设施建筑，LWB 侧为两跨单层工业厂房。其中风向投射角为 0 度，风速设定为 1.6m/s。工业厂房外窗为污染源项，沿单层工业厂房外围工厂路中心线设置连续线性污染源。典型位置点表示的是迎风面近窗点 P1，迎风侧行人区中点 P2，迎风侧机动车道路旁 P3，背风侧机动车道路旁 P4，背风侧行人区中点 P5 和背风面近窗点 P6。

5.2.9.1 行人高度处

由于街谷除建筑之外的空间，行人主要在街道行人区内活动，分析街谷中截面行人高度处（成人呼吸带高度处即距地 1.5m）风速、压力和污染物无量纲浓度水平分布。

当单层工业厂房在室内外空间有污染物源项，通过图 5-101~图 5-103 所示，行人

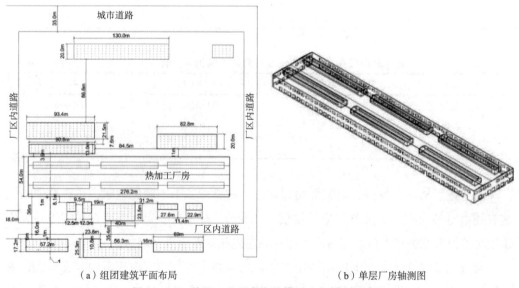

（a）组团建筑平面布局　　　　　　　　（b）单层厂房轴测图

图 5-100　单层工业厂房街谷模拟几何模型示意图

高度处压力分布呈现逐渐降低现象。水平面速度场（1.5m 高度）背风侧高于迎风侧，因为迎风侧压力大于背风面压力。行人高度处无量纲浓度值分布变化趋势为先升高至稳定后降低至稳定段。LWB 近壁面处污染物无量纲浓度值高于 WWB 近壁面处污染物无量纲浓度值。这是由于下风向建筑的迎风面处风速大，在街谷内形成涡流，将污染物卷入并推向上风向建筑的背风面，造成污染物堆积现象。

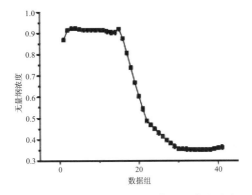

图 5-101　中截面距地 1.5m 高处污染物分布图

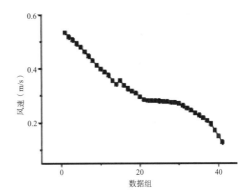

图 5-102　中截面距地 1.5m 高处风速分布图

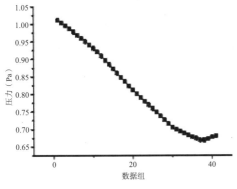

图 5-103　中截面距地 1.5m 高污染物分布图

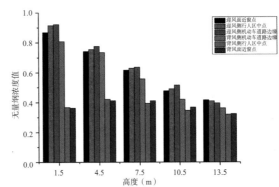

图 5-104　典型位置点无量纲浓度随高度变化图

5.2.9.2　典型位置点

正如第 3.1 节中的研究分析，本节依然选择分析街谷中典型位置点，即迎风面近窗点，迎风侧行人区中点，迎风侧机动车道路旁，背风侧机动车道路旁，背风侧行人区中点和背风面近窗点的风速、压力和污染物无量纲浓度水平分布。其中各层分析高度为 1.5m、4.5m、7.5m、10.5m 和 13.5m，共 6 个高度处。由于单层工业厂房只有一层通高，本节只考虑参数随高度的变化情况，不涉及各层高度处的设计考量（图 5-104）。

单层工业厂房街谷空间在室内外有污染物源项时，街谷走向与来流风向垂直时，无量纲浓度平均值在下风向建筑迎风侧随高度的增加而逐渐降低，在上风向建筑背风侧随高度变化稳定，并出现迎风侧大于背风侧的情况，这是因为交通道路靠近迎风侧，且比下风向建筑高的单层工业厂房室内会向室外扩散污染物。

综上所述，单层工业厂房建筑在室内外有污染物源项，风向投射角为 90 度时，规划设计策略为：迎风侧考虑设置乔木种植，遮挡室外向室内扩散污染物。背风侧也需要考虑设置乔木种植，防止室内向室外扩散的污染物继续扩散向下风向建筑。同时说明，单层工业厂房避免设置在上风向。建筑设计策略建议：单层工业厂房在室外污染源上风向时，在街谷走向与风向垂直时，宜开启迎风面和背风面下层窗，关闭或不设顶部迎风面天窗及上层窗。当污染物源项一般大时，下风向建筑迎风侧 1～3 层宜采取封闭阳台、尽量不开启窗户、垂直绿化和阳台种植等方式。

参考文献

[1] 全国大气污染防治工作进展及建议 [J]. 环境保护，2018，46（19）：11-15.

[2] 王迪，向欣，聂锐. 改革开放四十年大气污染防控的国际经验及其对中国的启示 [J]. 中国矿业大学学报（社会科学版），2018，20（06）：57-69.

[3] 王冰，贺璇. 中国城市大气污染治理概论 [J]. 城市问题，2014（12）：2-8.

[4] 李祥余. 大气稳定度分类方法及判据比较研究 [J]. 环境与可持续发展，2015，40（06）：93-95.

[5] 程水源，席德立，张宝宁，郝瑞霞，郑自保，韩同义. 大气混合层高度的确定与计算方法研究 [J]. 中国环境科学，1997（06）：33-37.

[6] 刘辉志，冯健武，王雷，洪钟祥. 大气边界层物理研究进展 [J]. 大气科学，2013，37（02）：467-476.

[7] 刘辉志，王雷，杜群. 大气边界层物理研究进展（2012～2017年）[J]. 大气科学，2018，42（04）：823-832.

[8] 苏伟健，黎碧霞，李霞. 工业锅炉大气污染物源强核算方法的研究 [J]. 环境科学与管理，2015，40（08）：101-105.

[9] 许晓秦. 城市高架对街道峡谷内细颗粒物扩散的影响 [D]. 长安大学，2018.

[10] 胡启洲，邓卫，李晓菡. 城市道路车辆排放对大气污染的线性诊断模型 [J]. 东南大学学报（自然科学版），2018，48（05）：967-971.

[11] 汪蓓蓓. 城市主干道环境影响评价项目大气污染物源强计算方法实例研究 [J]. 环境与发展，2018，30（05）：19+21.

[12] 周淑贞，张如一，张超. 气象学与气候学（第三版）[M]. 北京：高等教育出版社，1997：1.

[13] 低碳发展及省级温室气体清单编制培训教材 [R/OL].
http://www.ccchina.gov.cn/archiver/ccchinacn/UpFile/Files/Default/20131030124643904851.pdf

[14] 汪芳. 国外著名建筑师丛书（第二辑）查尔斯·柯里亚. 北京：中国建筑工业出版社，2003.

[15] 魏凤英. 现代气候统计诊断与预测技术（第2版）[M]. 北京：气象出版社，2007.

[16] 孙一坚. 工业通风 [M]. 北京：中国建筑工业出版社，1994.

[17] Pag J. K. Application of building climatology to the problems of housing and building for human settlements[C].Annual Meeting of World Meteorological Organization. Geneva，Switzerland，1976.

[18] 朱颖心. 建筑环境学（第二版）[M]. 北京：中国建筑工业出版社，2005：28.

[19] 郝吉明，马广大，王书肖. 大气污染控制工程（第三版）[M]. 北京：高等教育出版社，2010：66.

[20] 周洪昌. 城市汽车排放CO污染模式的概略分析 [J]. 环境科学，1994，15（5）：78-82.

[21] Nelson M.A, Pardyjak E.R, Brown M.J, Klewicki J.C: Properties of the wind field within the Oklahoma City Part Avenue street canyon. Part II: spectra, cospectra, and quadrant analyses[J]. Appl Meteorol Climatol 2007; 46（12）：2055–2073.

[22] Venegas L. E, Mazzeo N. A. Carbon monoxide concentration in a street cayon of Buenos Aires City（Argentina）. Environmental Monitoring and Assessment, 2000, 65（1-2）: 417-424.

[23] Deardorff J. W. Numerical investigation of neutral and unstable plan-etary boundary layers[J]. Atmos Sci, 1972, 36: 91.

[24] Deardorff J. W. The use of subgrid transport equation in a three dimensional model of atmospheric turbulence[J]. Fluid Eng.1973, 95: 429.

[25] Ries K, Eichhorn[J]. Simulation of effects of vegetation on the dispersion of pollutants in street canyons. Meteorologische Zeitshrift, 2001, 10（4）: 229-233.

[26] Zhang Y.W, Gu Z.L, Lee S.C, Fu T.M, Ho K.F.Numerical simulation and in situ- investigation of fine particle dispersion in an actual deep street canyon in Hong Kong.Indoor Built Environ 2011; 20（2）: 206–216.

[27] J. A. Voogt, T.R.Oke. Complete Urban Surface Temperatures [J]. Journal of Applied Meteorology, 1997, 36（9）: 1117-1132.

[28] 周洪昌. 城市汽车排放 CO 污染模式的概略分析 [J]. 环境科学, 1994（05）: 78-82.

[29] 宁智, 张振顺, 付娟, 资新运, 张春润. 怠速时汽车污染物在排气尾流中扩散特性的数值分析 [J]. 环境科学, 2006（03）: 3424-3430.

[30] Assimako Poulos V. D, A. P. Simon H. M, Moussio Poulos N. A numerical study of atmos Pheric Pollutant dispersion in different two dilnensional street canyone on figurations[J]. Atmos Pheric EnVironment, 2003, 37（29）: 4037-4049.

[31] S. E. Nicholson. A Pollution Model for Street Level Air. Atmospheric Environment. 1975, 9: 19 ~ 31.

[32] 王宝民, 柯咏东, 桑建国. 城市街谷大气环境研究进展. 北京大学学报（自然科学版）. 2005, 41（1）: 146-153.

[33] Vardoulakiss, Fisher B.E.A.et. al. Modeling air quality in street canyons: a Review. Atmos. Environ. 2003, 37（1）: 155-182.

[34] Hunter L.J, John G.T, Waston J.D. Aninves tigation of three-dimensional characteristics of flow Regimes within the street canyon. Atmos. Environ., 1992, 26B（4）: 425-432.

[35] T. R. Oke. Street design and urban canopy layer climate [J]. Energy and Buildings, 1988, 11（1–3）: 103-113.

[36] 制定地方大气污染物排放标准的技术手法 GBT3840-91.

[37] Johnson W.B, Ludwig F.L, Dabberdt W.F and Allen R.J. An urban diffusion simulation model for carbonmonoxide[J].Air Poll.Conlrol Assoc., 1973, 23（6）: 490-498.

[38] Johnson W.B.etal.AirPollution（ed. By Stern A.C）.NewYork: Academic Press, 1973, 529-535.

[39] Yamartino R.J, Wiegand G. Development and evolution of simple models for the flow, turbulence And pollutant concentration fields with in an urban street canyon. Atmos.Environ., 1986, 20（11）: 2137-2156.

[40] Berkowiez R. A simple model for urban background Pollution. Environ.Monit.& Asses. 2000, 65（2）: 259-267.

[41] 吉沢晋. 空調とエタケアフイルタ（エアフイルタ仁よる空気浄化設計）. 空気清浄, 1965, 3（2）: 1~14.

[42] Xu M.D.et al. Deposition of tobacco smoke particle in a low ventilation room. Aerosol Sci. & Tech., 1994, 20（2）: 194~206.

[43] 国家环境保护局. 大气污染物综合排放标准 GB16297-1996. 北京: 中国环境科学出版社, 1996.

[44] 寇利. 城市街区建筑物附近空气质量的研究 [D]. 东华大学, 2009.

[45] 李宗恺等. 空气污染气象原理及应用 [M]. 北京: 气象出版社, 1985.

[46] 傅立新, 郝吉明, 何东全, 贺克斌. 街道峡谷汽车污染模拟研究 [J]. 清华大学学报（自然科学版）, 1999（06）: 100-102.

[47] 周国栋, 杨铭鼎, 陈秉衡. 室内空气污染数学模式的探讨. 中国环境科学, 1989, 9（4）: 261-265.

[48] 曹守仁. 室内空气污染与测定方法. 北京: 中国环境科学出版社, 1998.

[49] 白春霞. 西安市城市交通峡谷污染物浓度相关影响因素 [D]. 长安大学, 2012.

[50] 黄晓莺. 城市生存环境绿色量值群的研究（2）: 关于城市生态环境的绿色量 [J]. 中国园林, 1998（2）, 55-57.

[51] 周坚华. 城市生存环境绿色量值群的研究（5）: 绿化三维量及其应用研究 [J]. 中国园林, 1998, 14（5）, 61-63.

[52] 刘滨谊, 姜允芳. 中国城市绿地系统规划评价指标体系的研究 [J]. 城市规划汇刊, 2002（2）: 27-29.

[53] 李娟. 垂直面绿化植物遮阳系数与叶面积指数研究 [J]. 城市环境与城市生态, 2001, 14（5）: 4-51.

[54] Pfeffer H.U, Friesel J, Elbers G, et al. Air Pollution Monitoring in Street Canyons in North Rhine-Westphalia. Science of the Total Environment, 1995, 169（1）: 7~15.

[55] 李先庭, 赵斌. 室内空气流动数值模拟 [M]. 北京. 机械工业出版社, 2009, 36.

[56] 王福军. 计算流体动力学分析 [M]. 北京. 清华大学出版社, 2004, 10.

[57] 王琼. 组团建筑空间室内外污染物研究 [D]. 西安建筑科技大学, 2015.

[58] 霍旭杰. 城市街道空间对交通峡谷内污染物扩散的影响研究 [D]. 长安大学, 2012.

[59] 詹巧智. 窗口形式对室内污染物扩散影响的研究 [D]. 长安大学, 2013.